Introductions & Tips

Part 1 : Practice by tracing numbers with guide.

Part 2 : Practice by tracing numbers without guide.

Part 3 : Practice by tracing inside the outlined letters.

Part 4 : Copy the letters in your best writing.

Part 5 : Free Very Hungry Caterpillar themed Tens Frames from 1-10. (Easy to Cut & Paste)

The Number 0

Zero

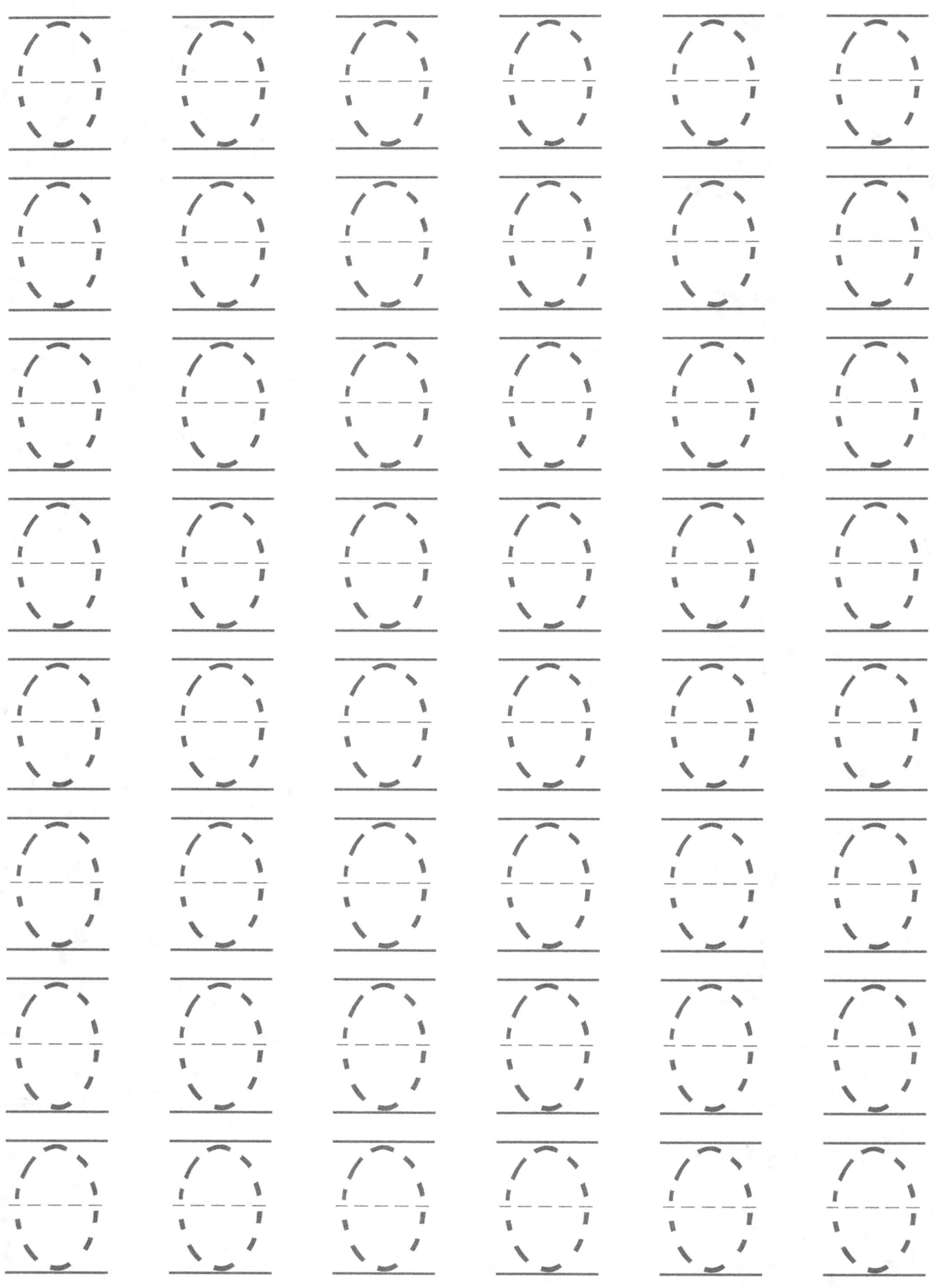

The Number 1

One

The Number 2

Two

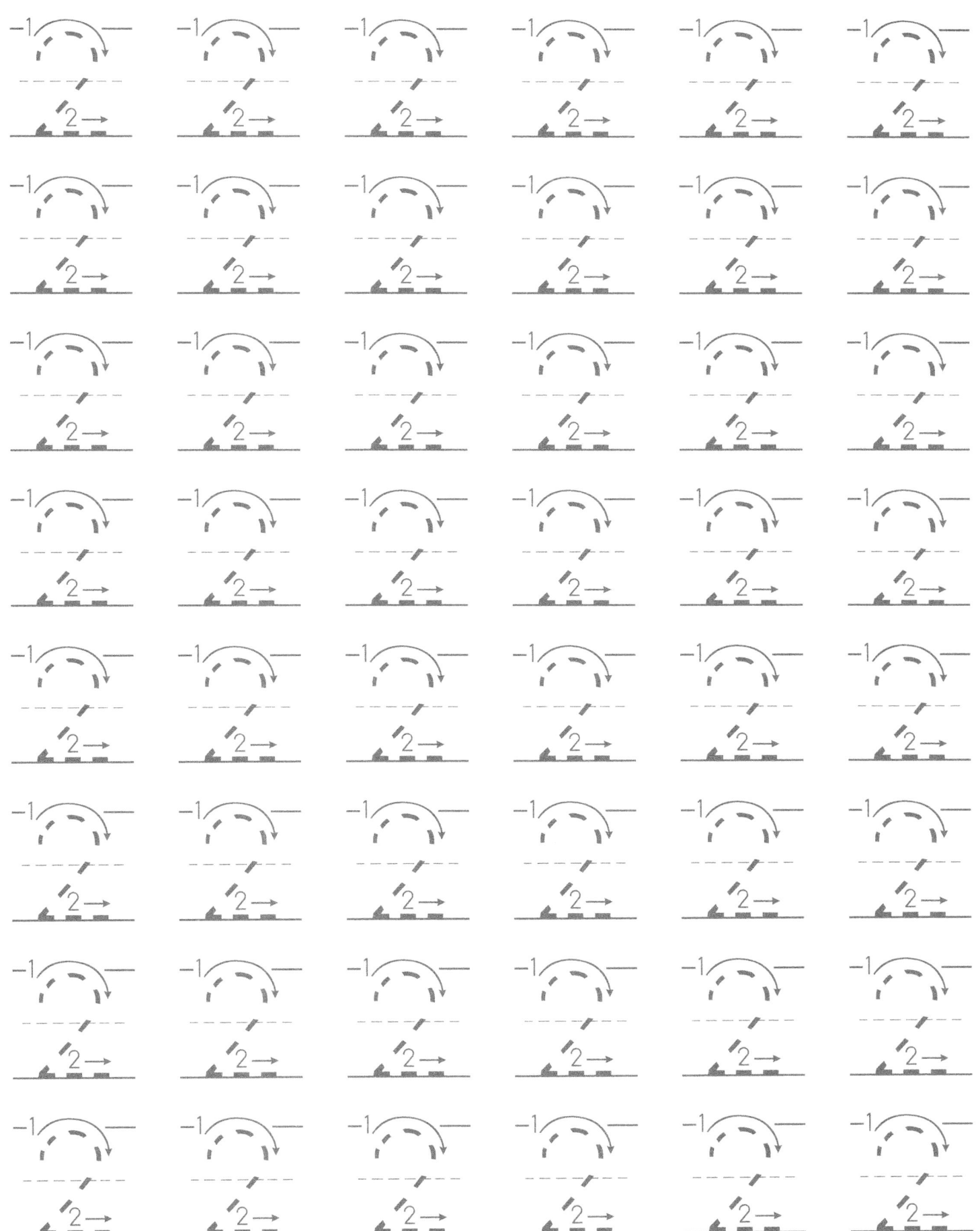

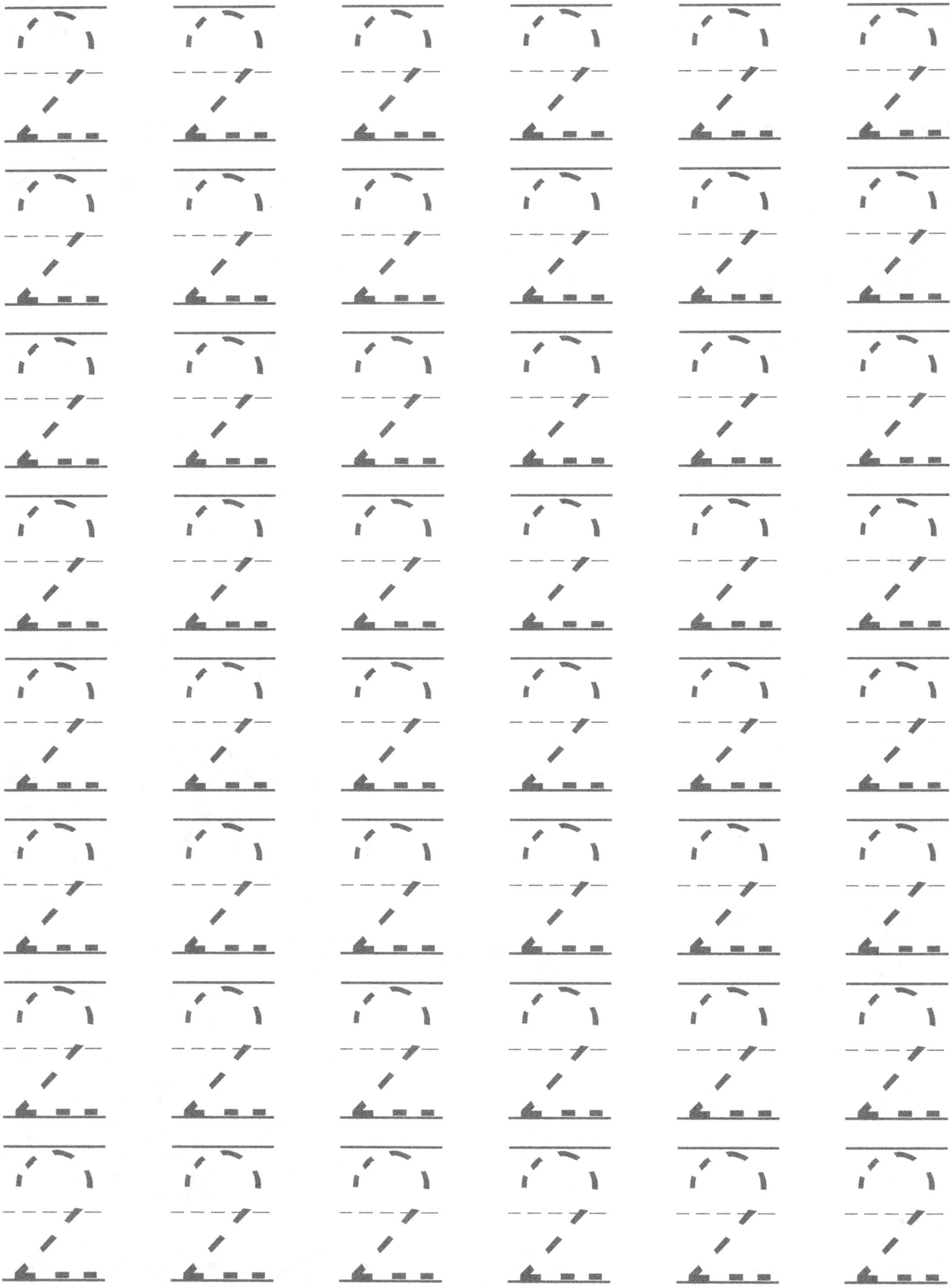

2	2	2	2	2	2
2	2	2	2	2	2
2	2	2	2	2	2
2	2	2	2	2	2
2	2	2	2	2	2
2	2	2	2	2	2
2	2	2	2	2	2
2	2	2	2	2	2

The Number 3

Three

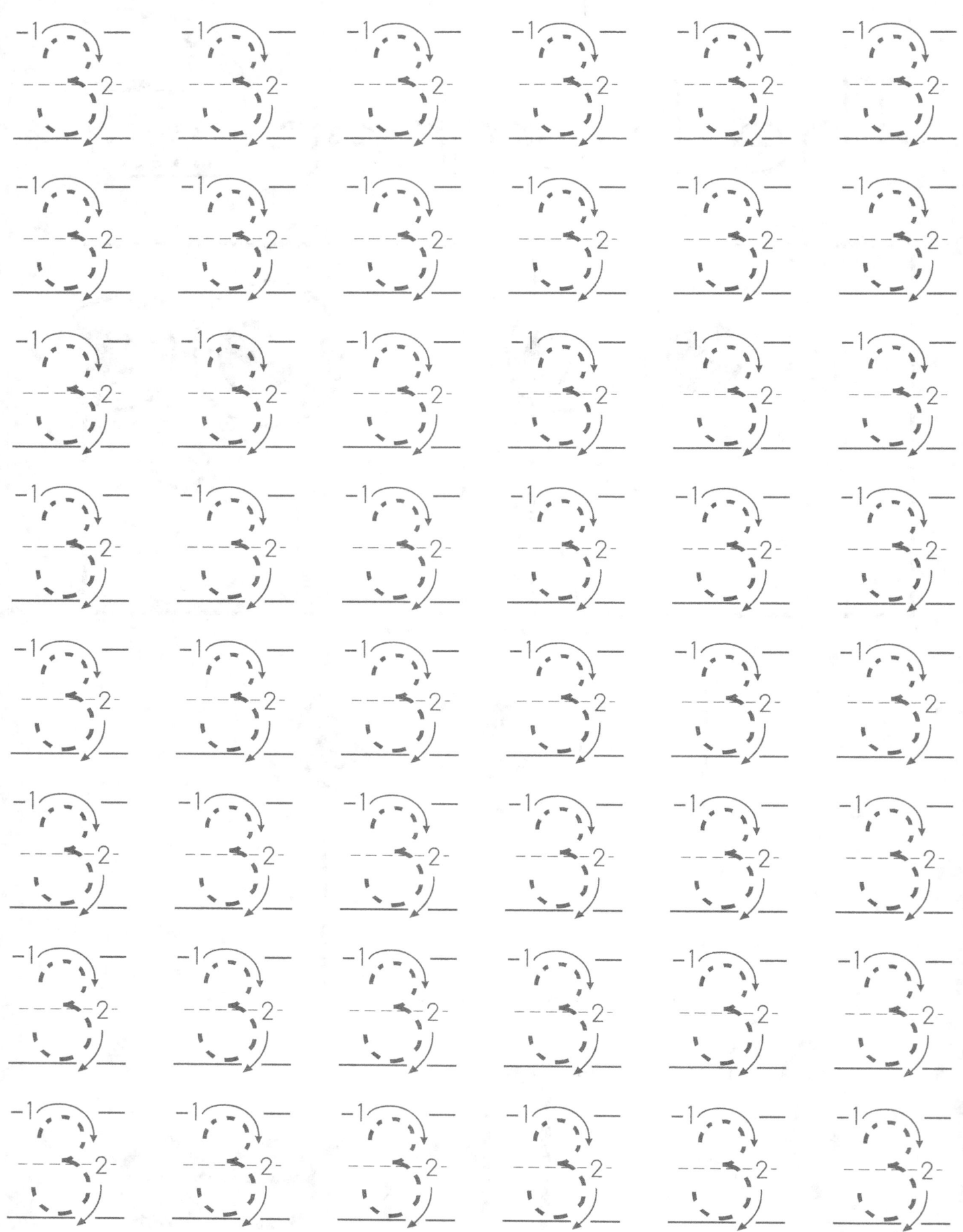

3	3	3	3	3	3
3	3	3	3	3	3
3	3	3	3	3	3
3	3	3	3	3	3
3	3	3	3	3	3
3	3	3	3	3	3
3	3	3	3	3	3
3	3	3	3	3	3

The Number 4

Four

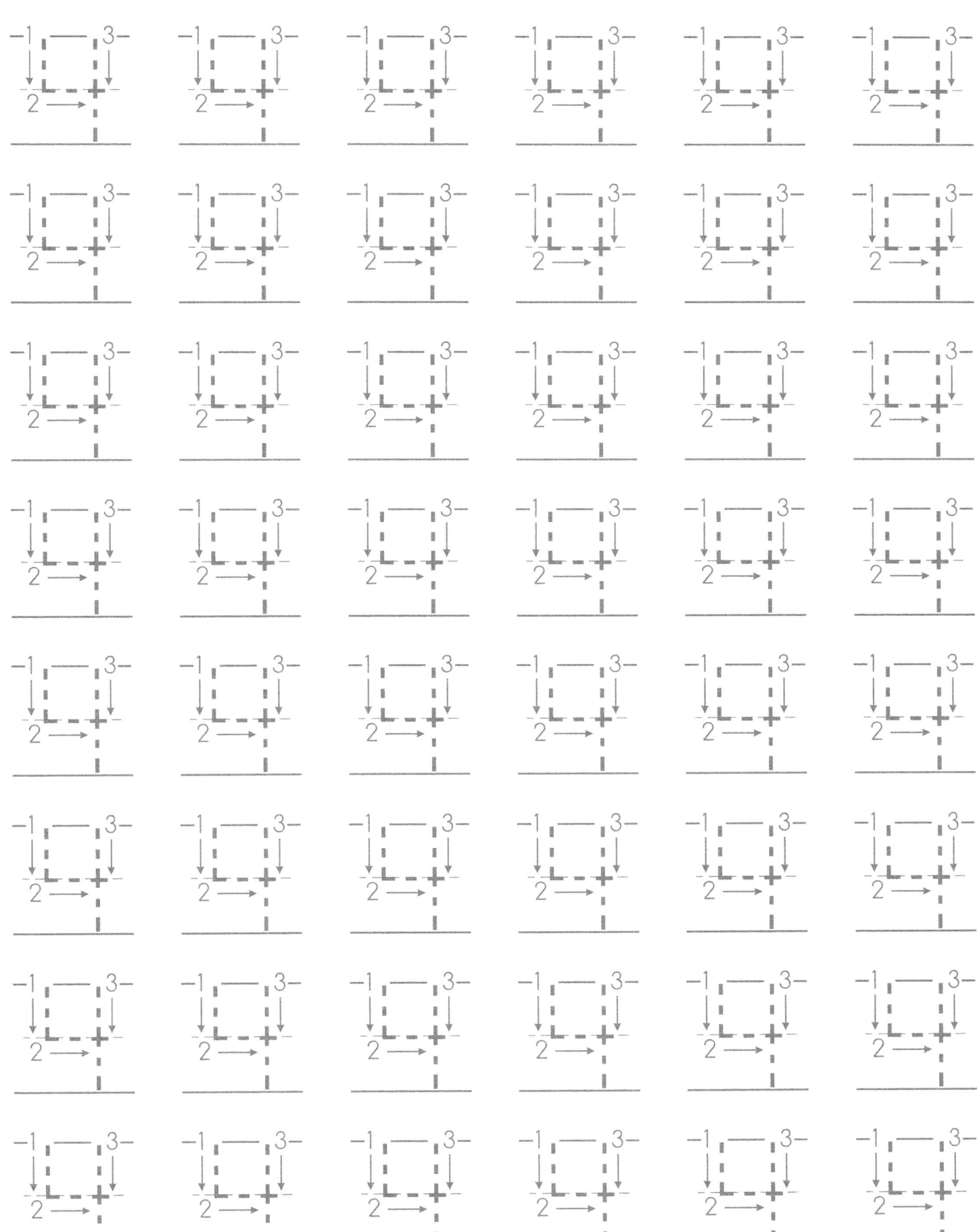

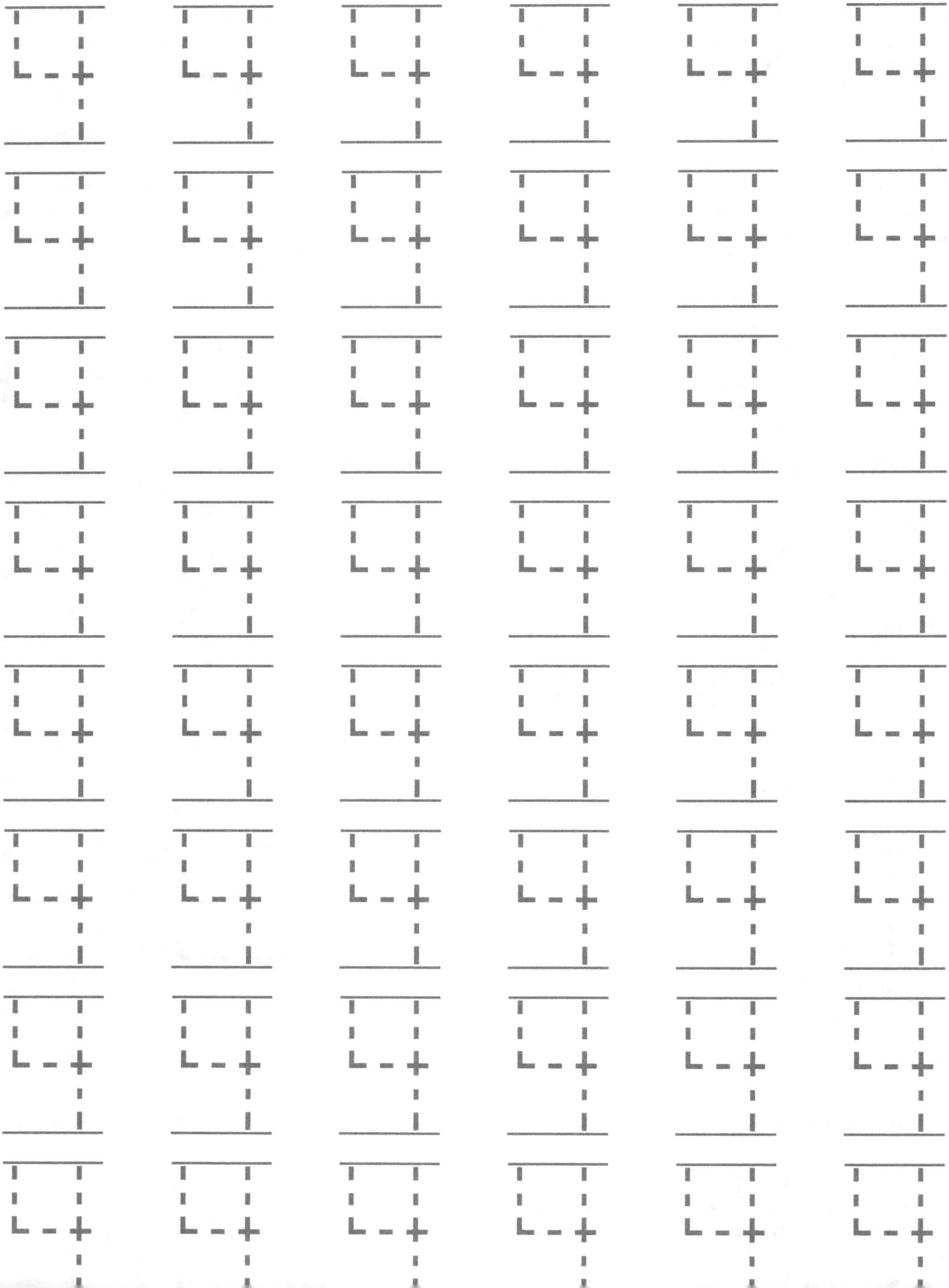

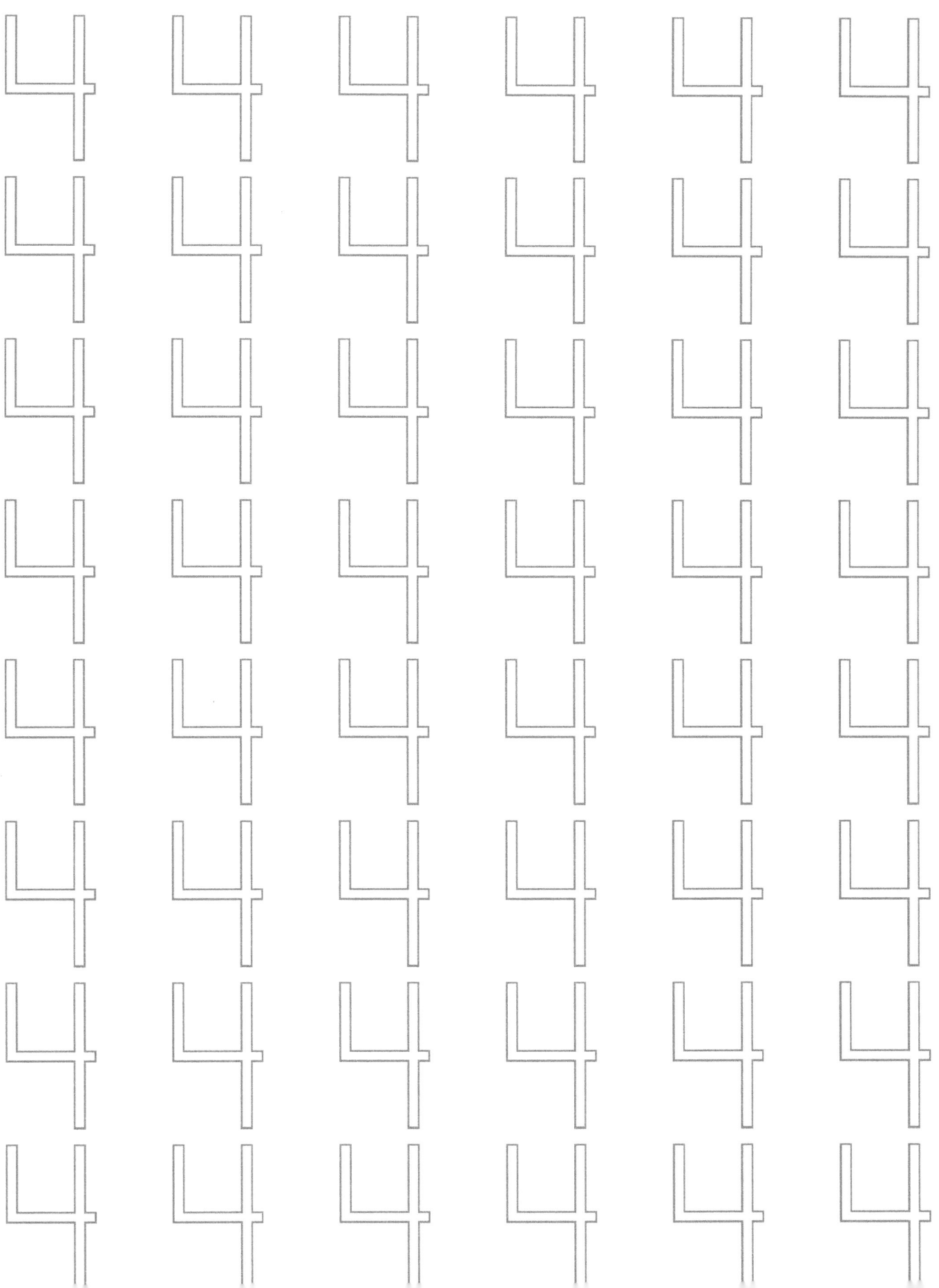

The Number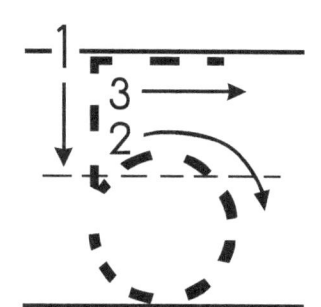

Five

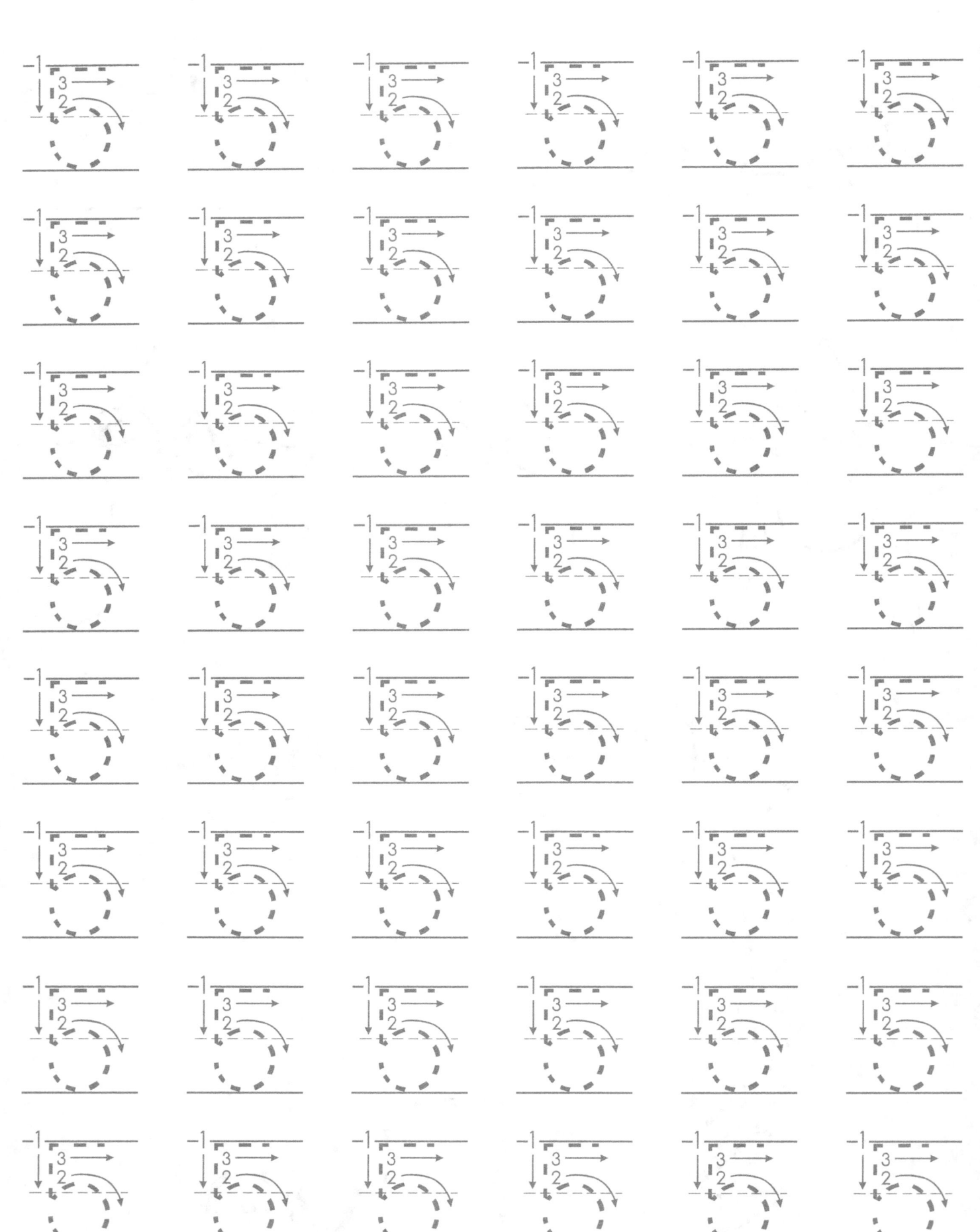

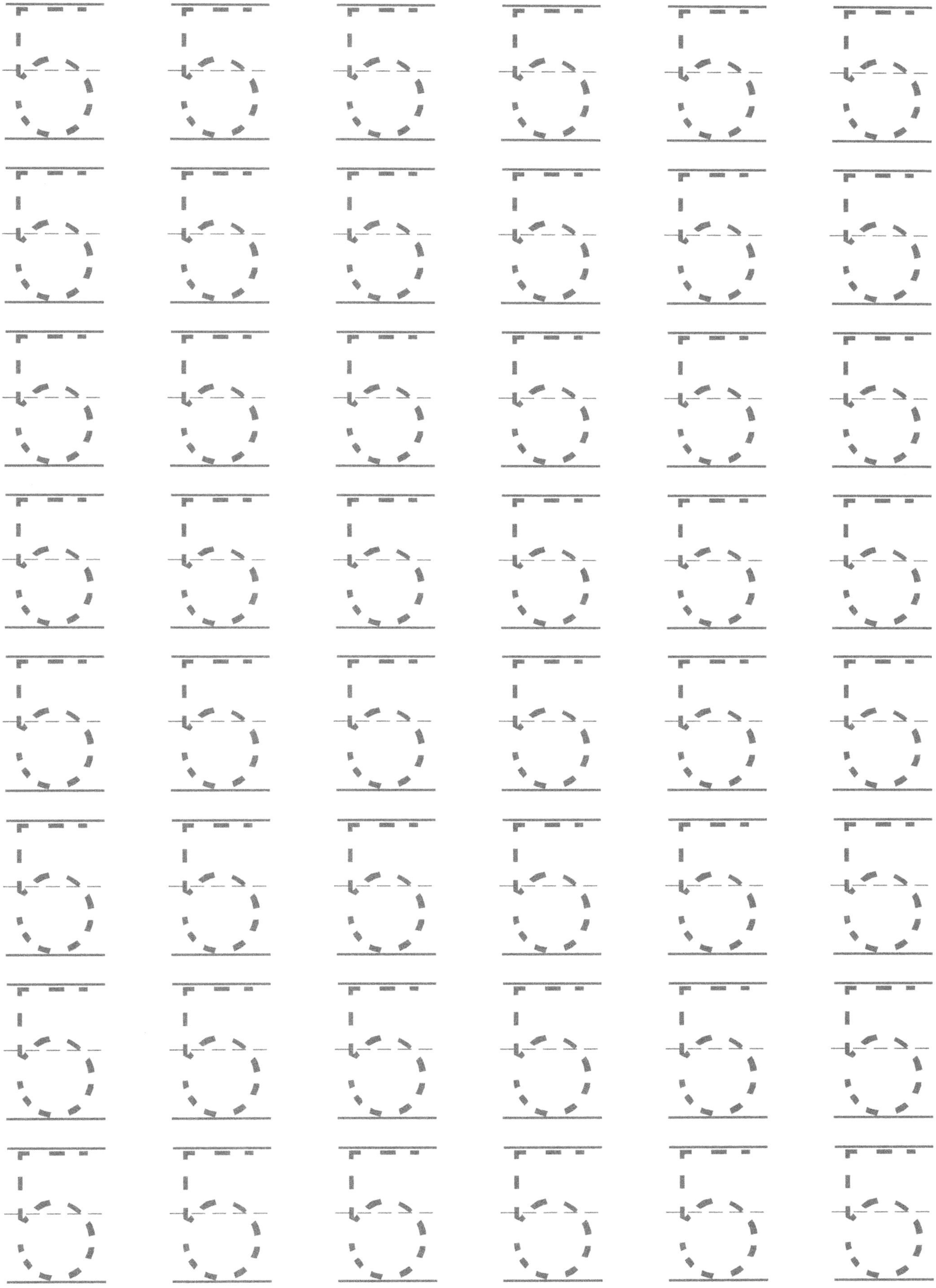

The Number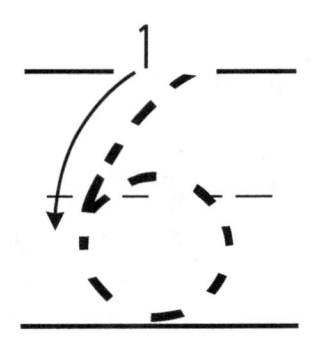

 Six

The Number 7

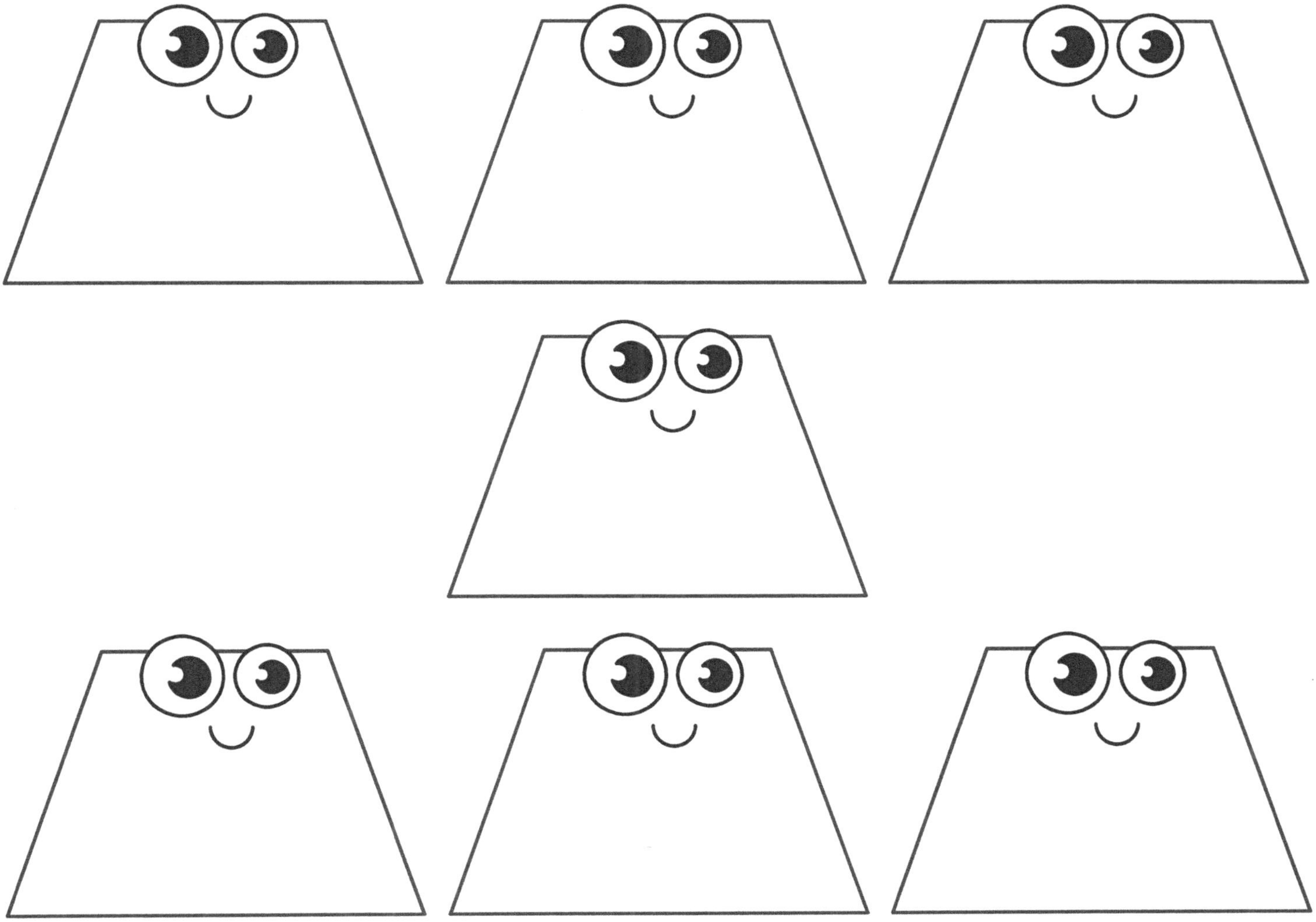

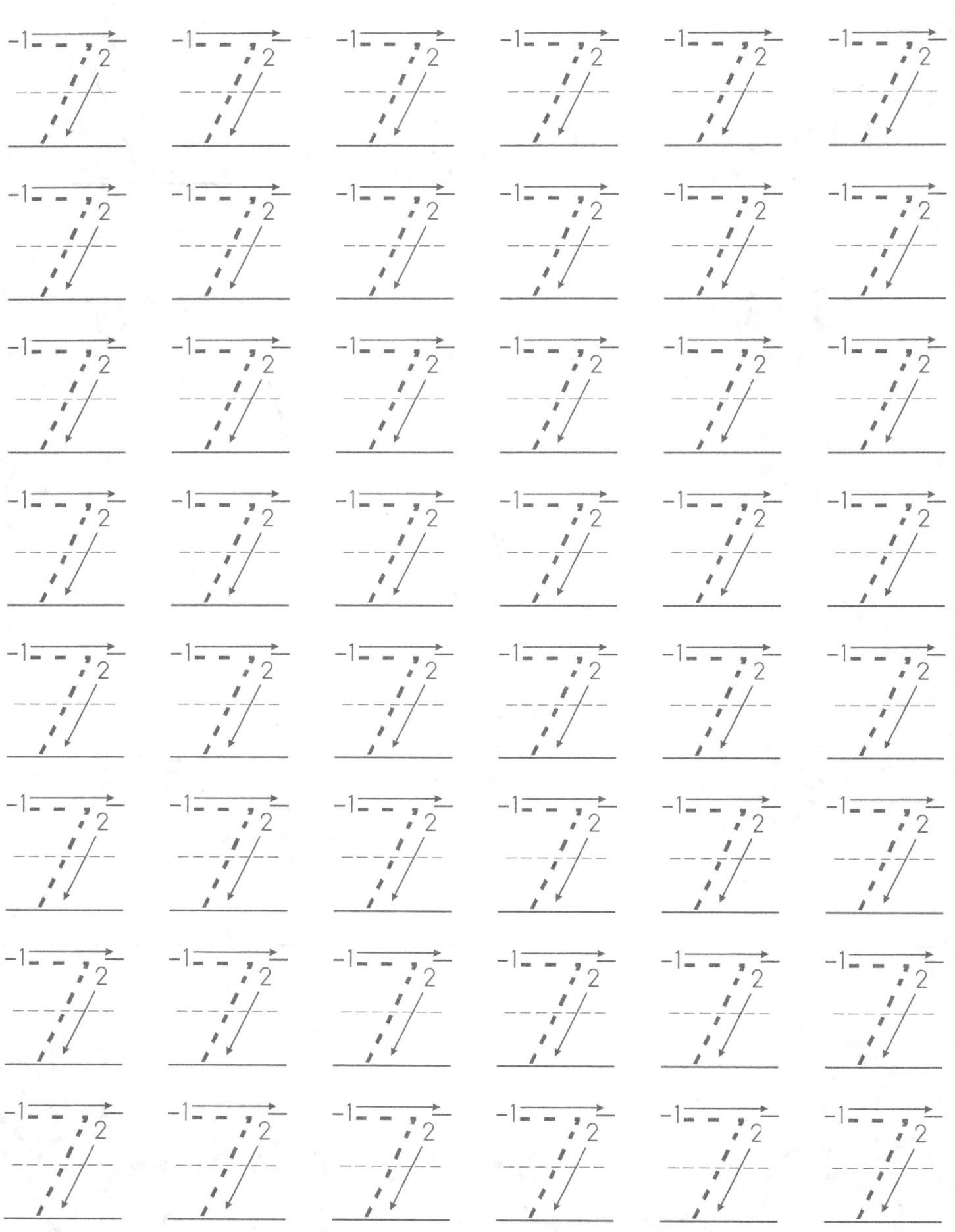

The Number 8

Eight

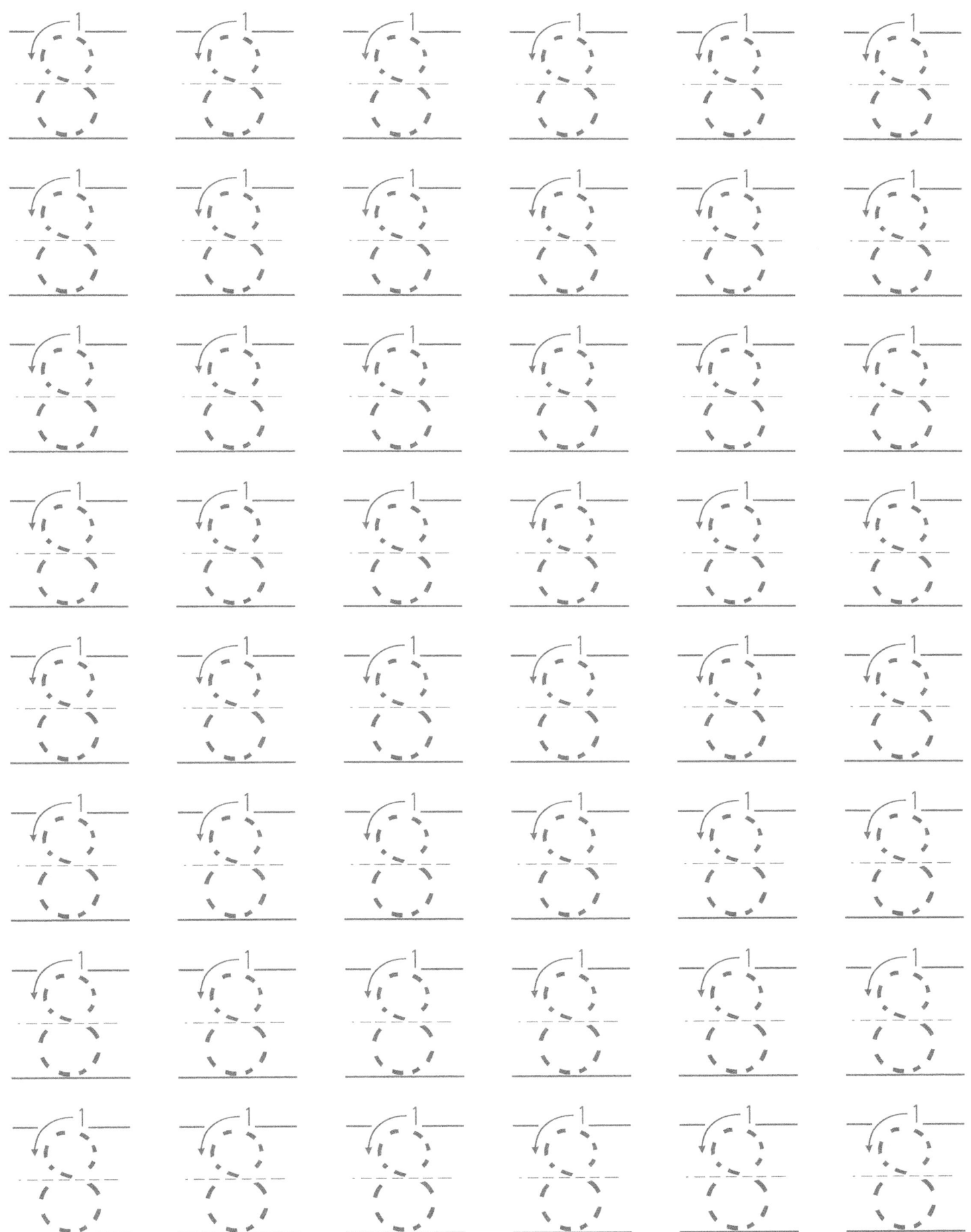

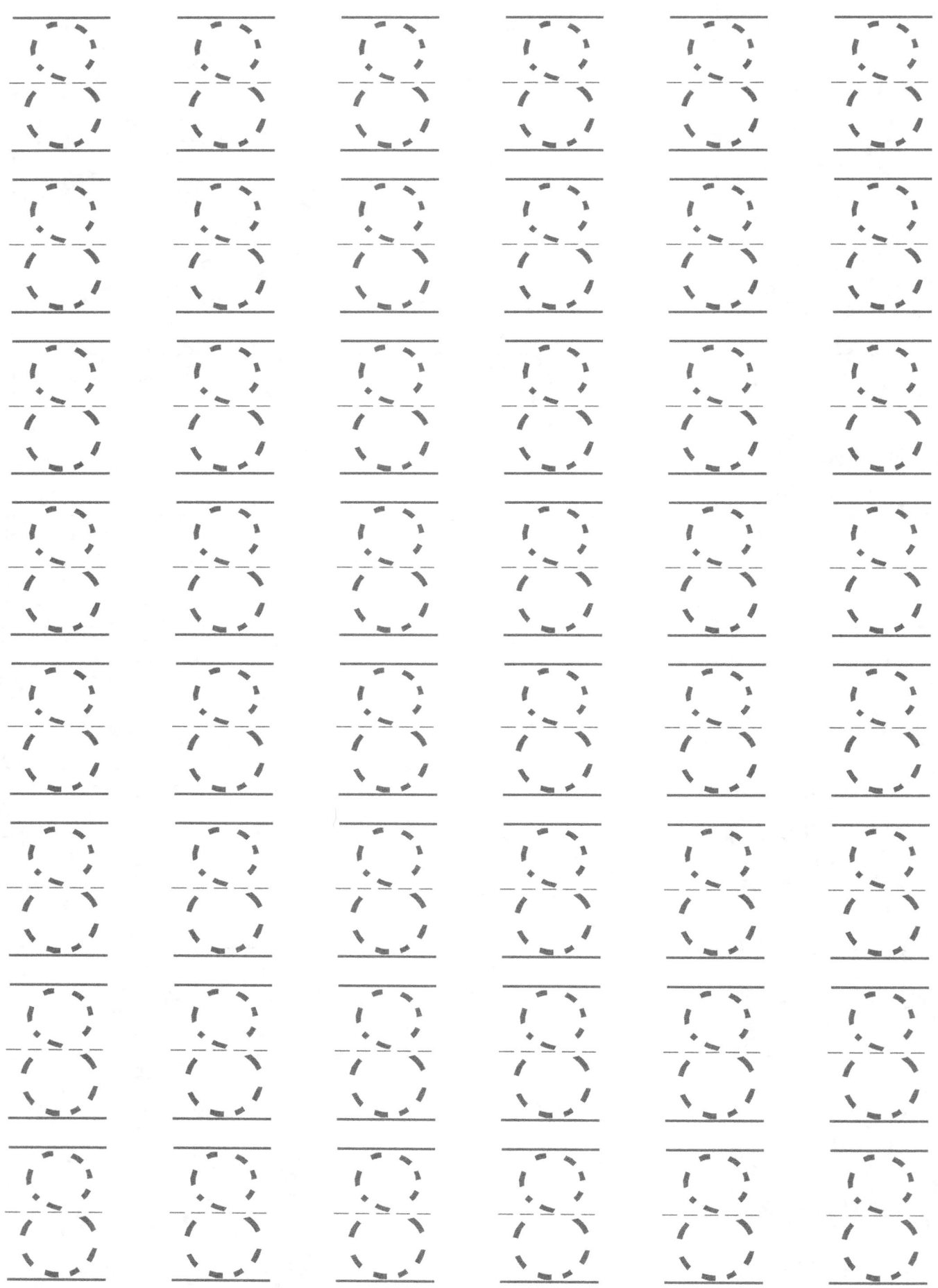

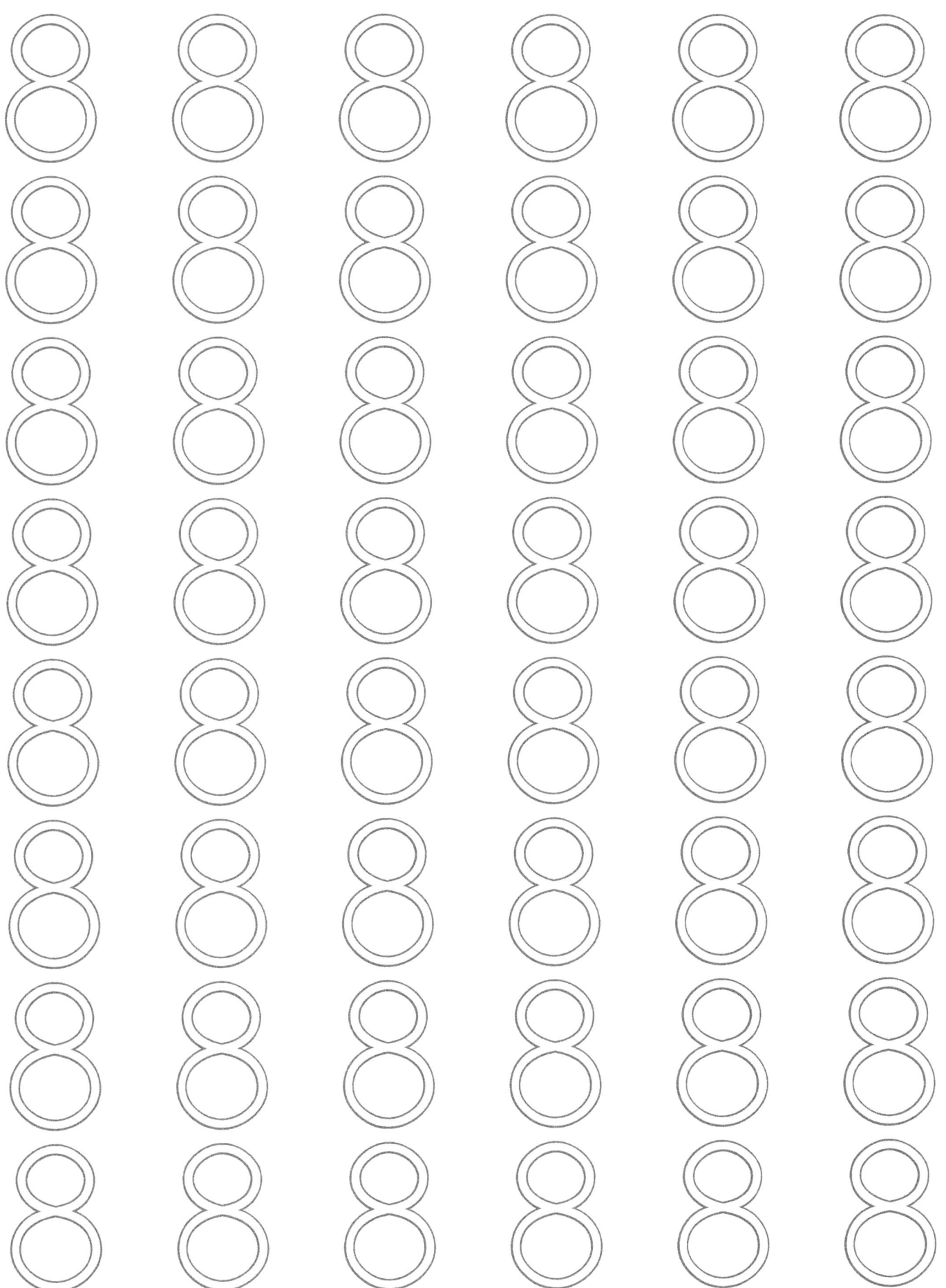

The Number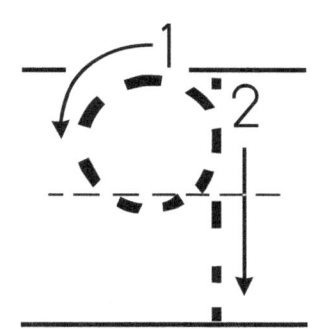

Nine

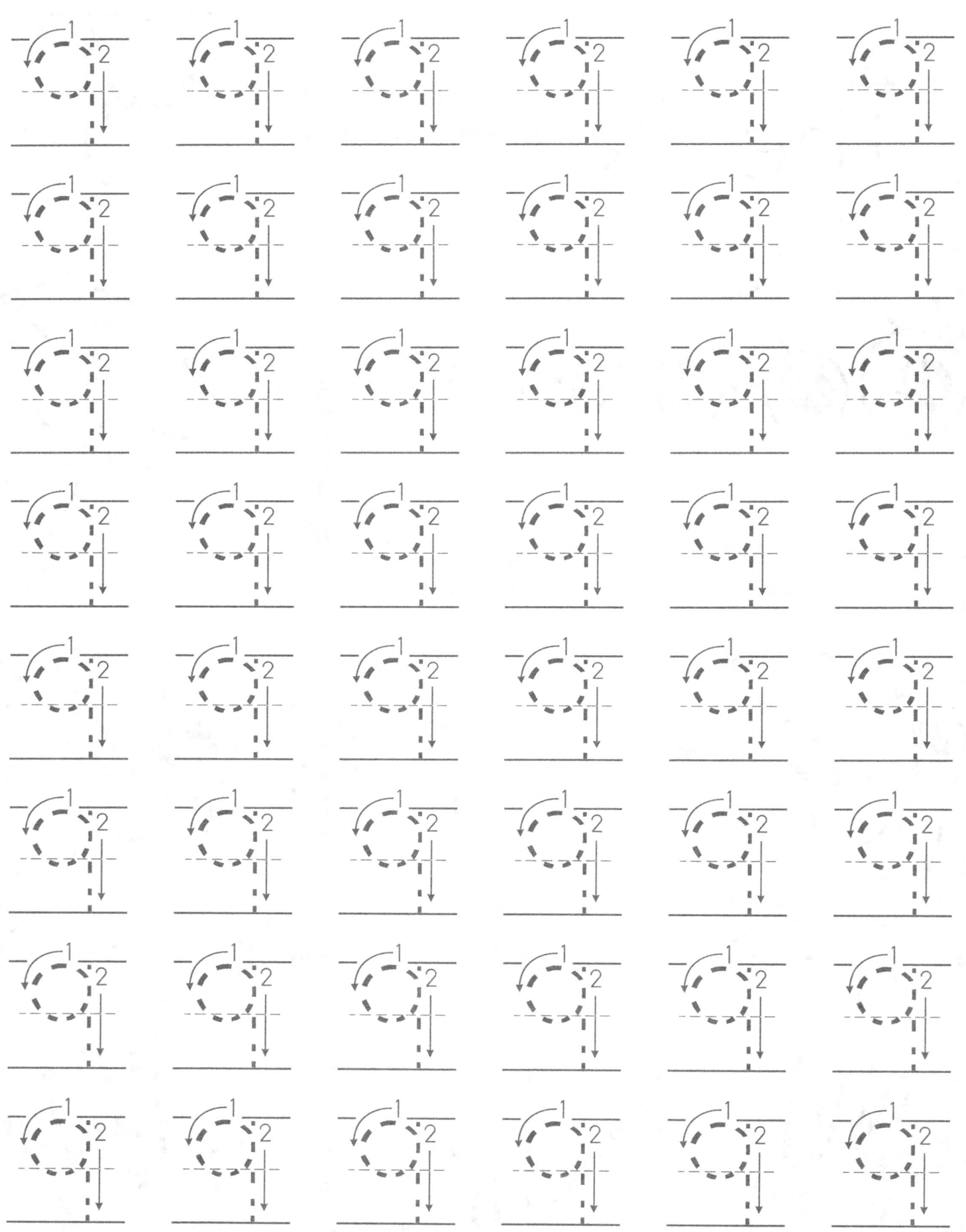

The Number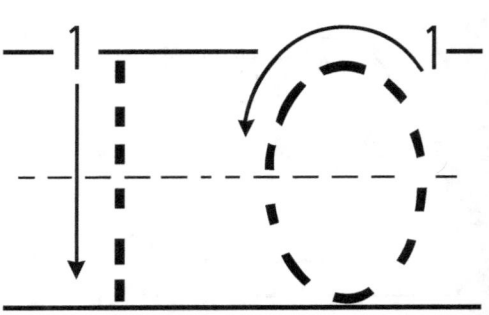

 Ten

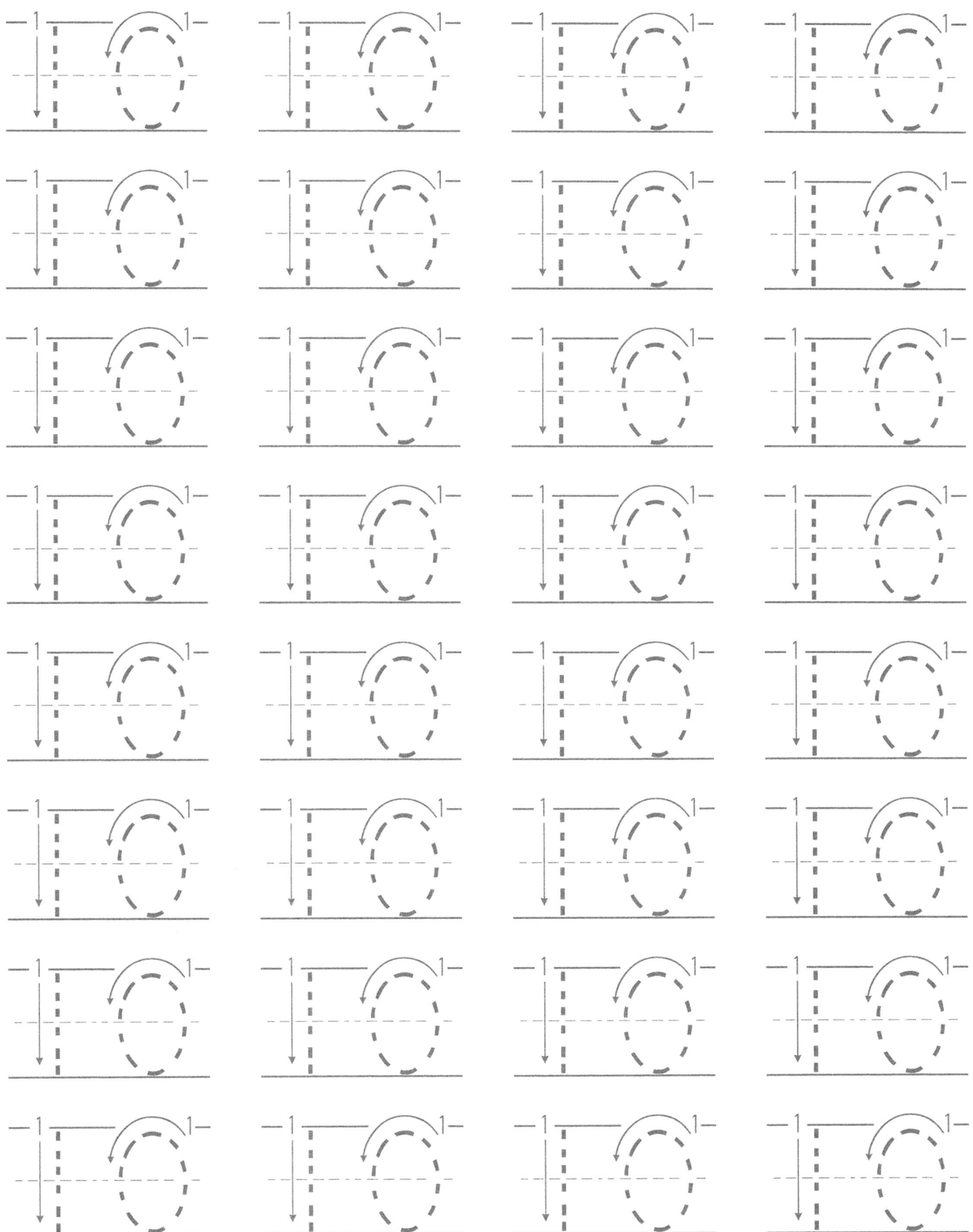

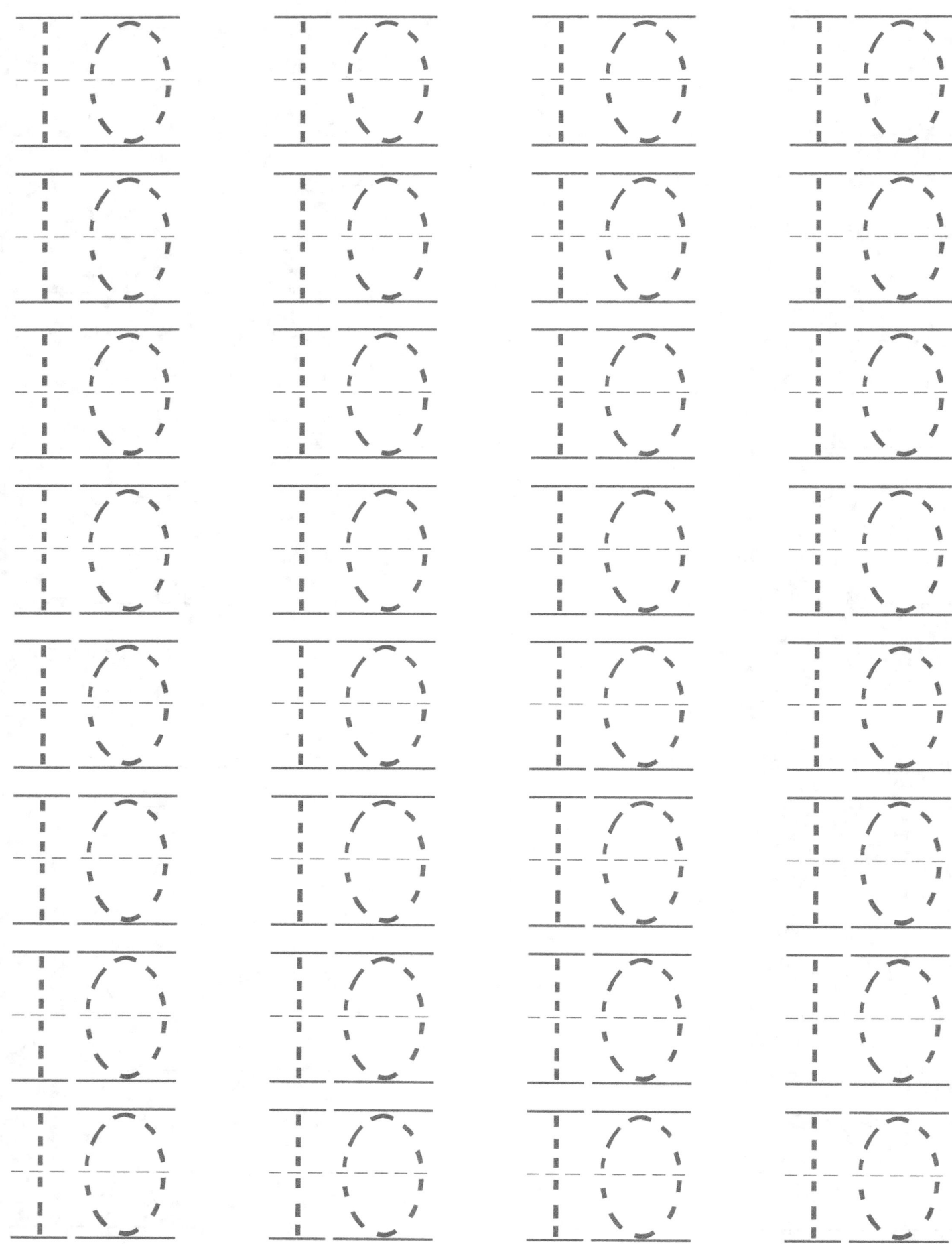

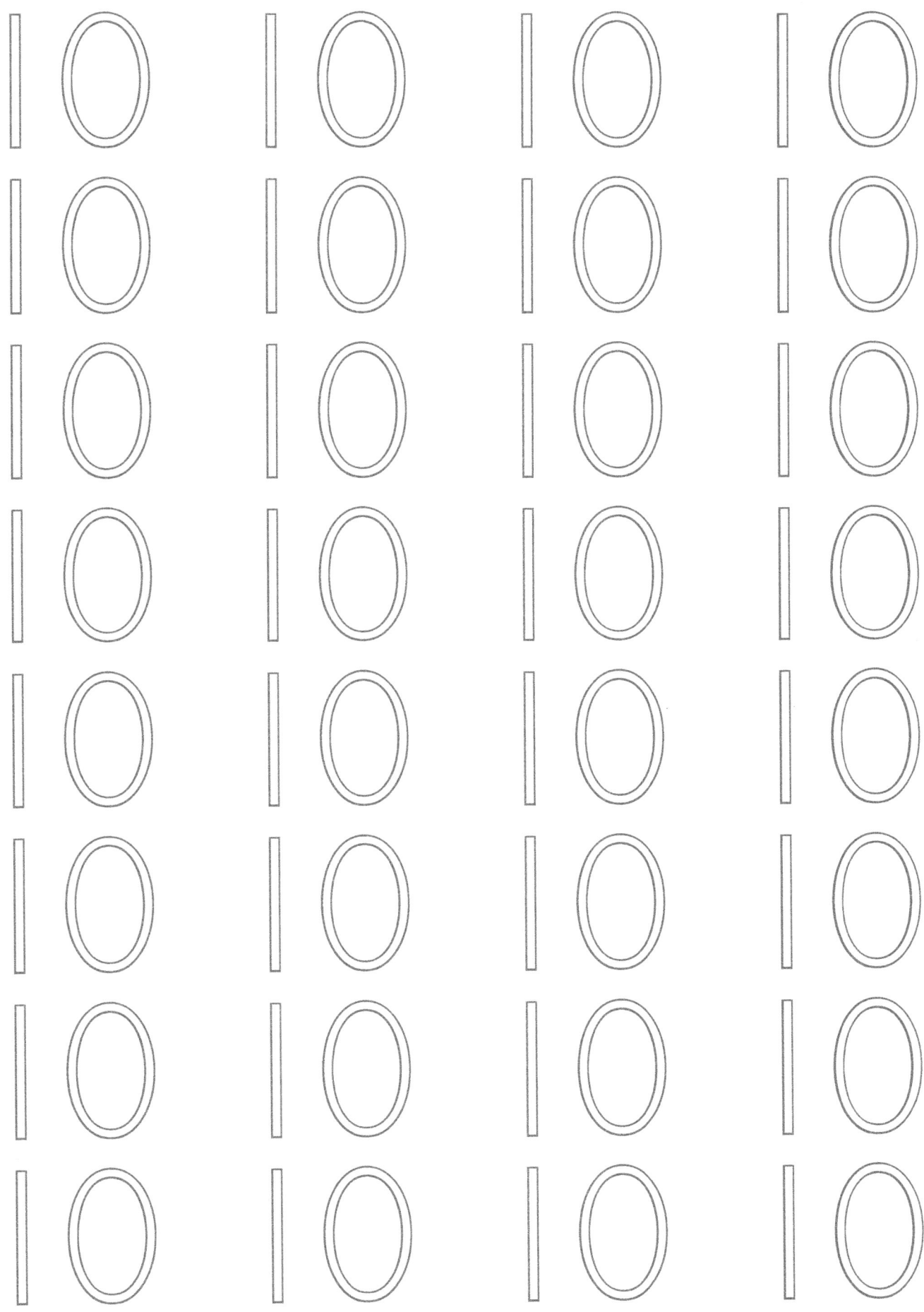

The Number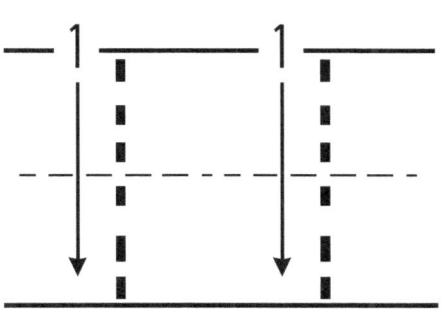

Eleven

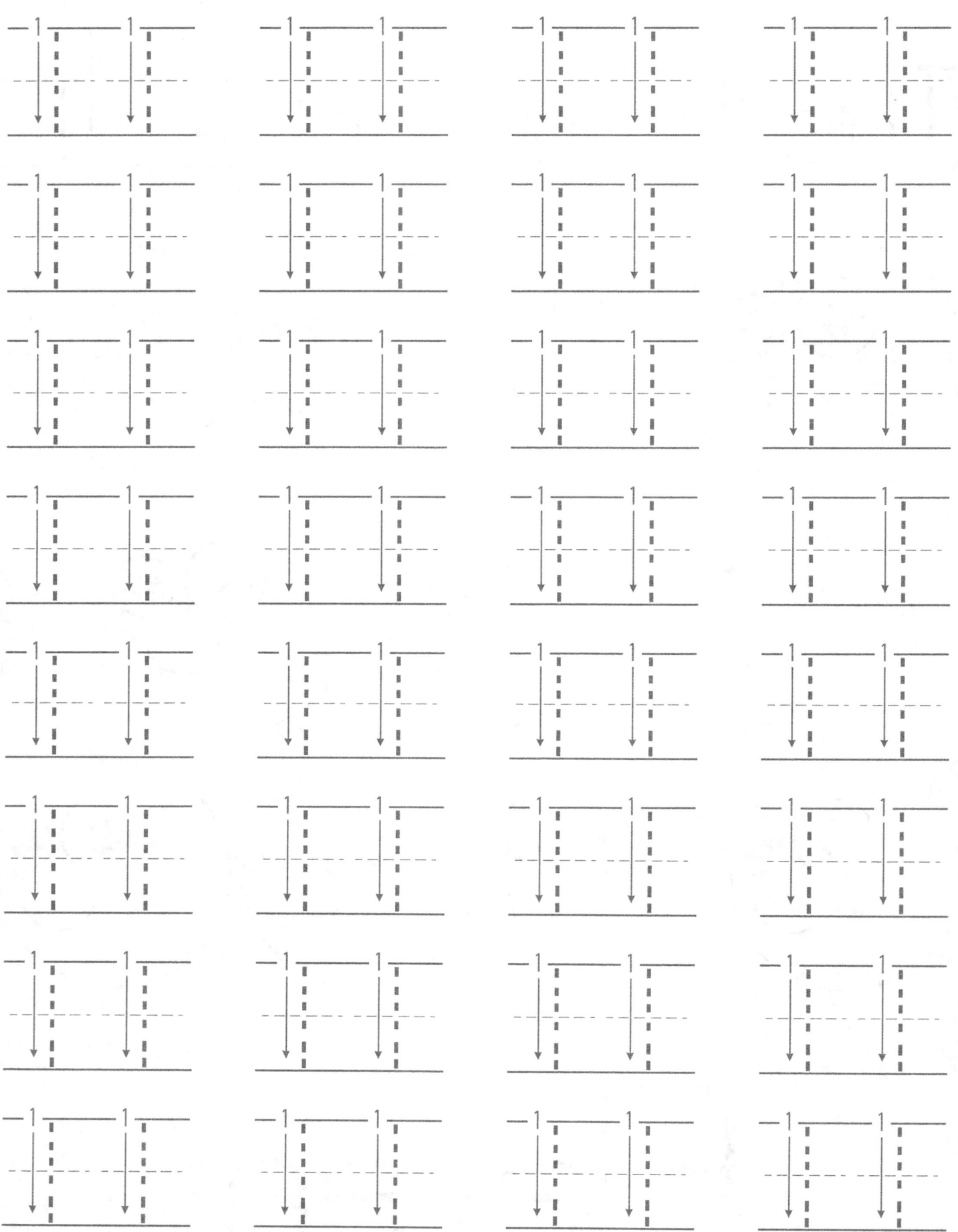

The Number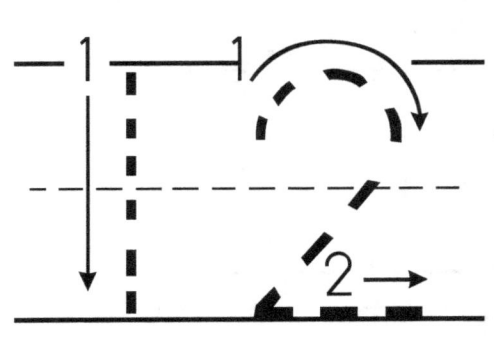

Twelve

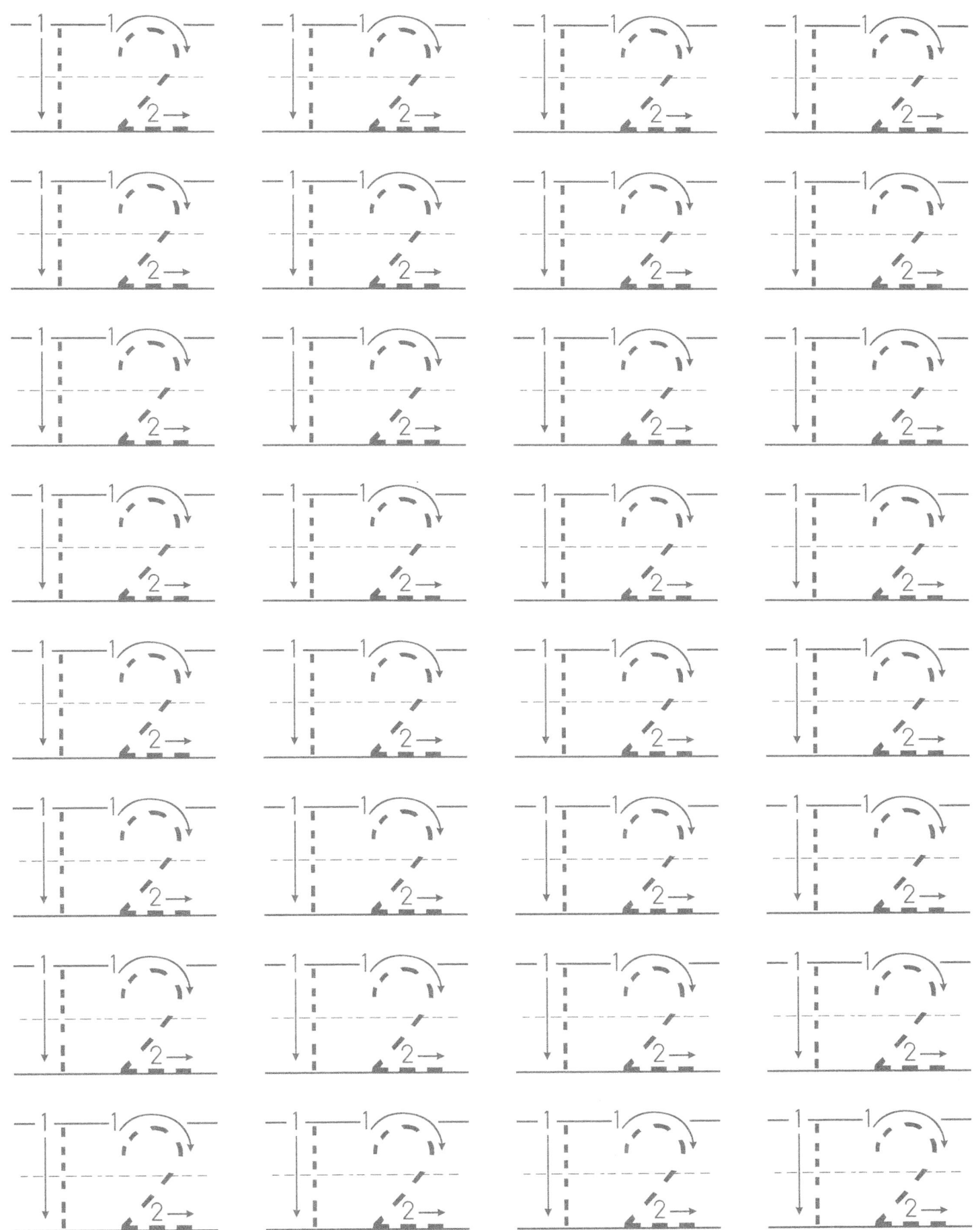

12	12	12	12
12	12	12	12
12	12	12	12
12	12	12	12
12	12	12	12
12	12	12	12
12	12	12	12
12	12	12	12

The Number 13

Thirteen

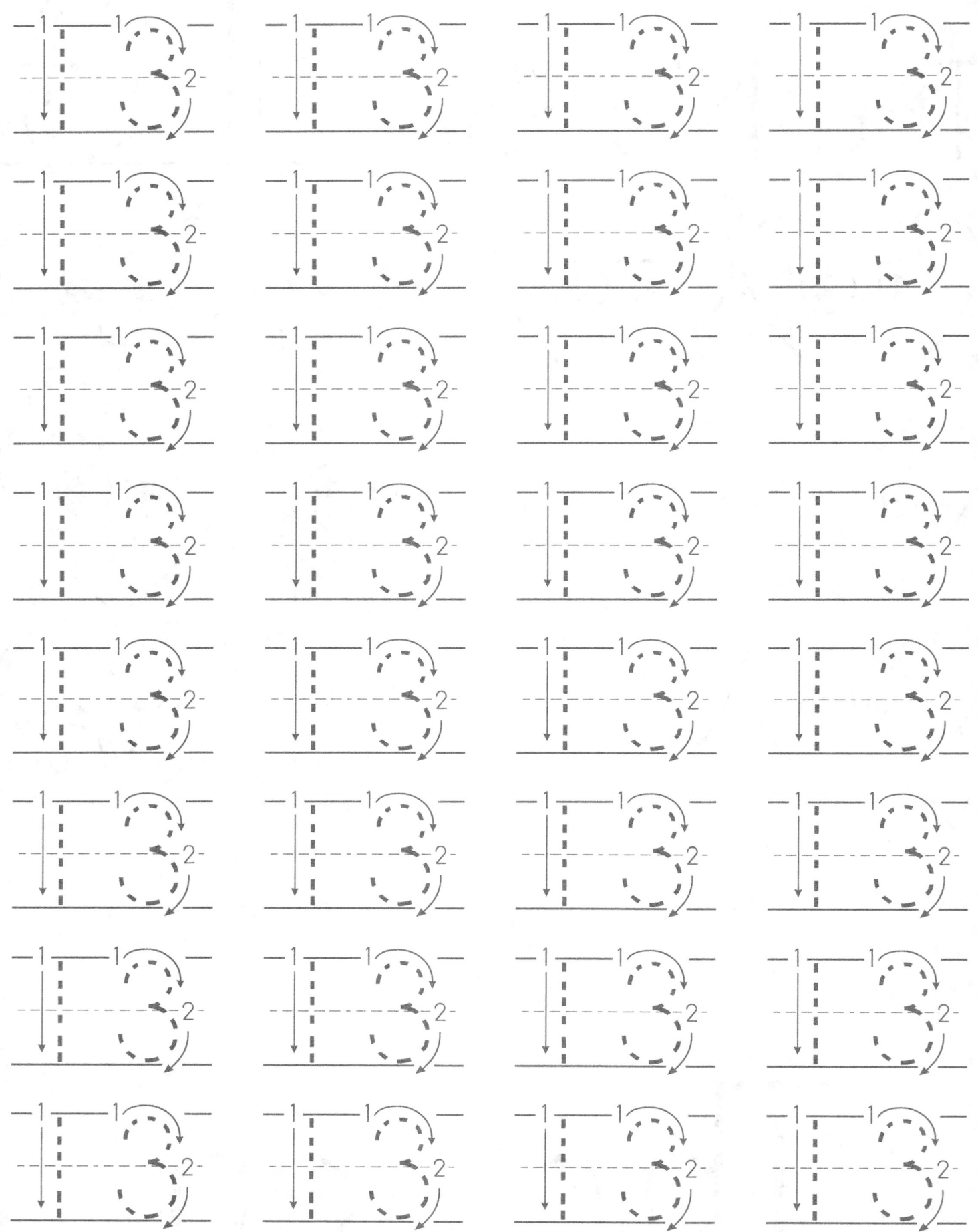

13	13	13	13
13	13	13	13
13	13	13	13
13	13	13	13
13	13	13	13
13	13	13	13
13	13	13	13
13	13	13	13

The Number 14

Fourteen

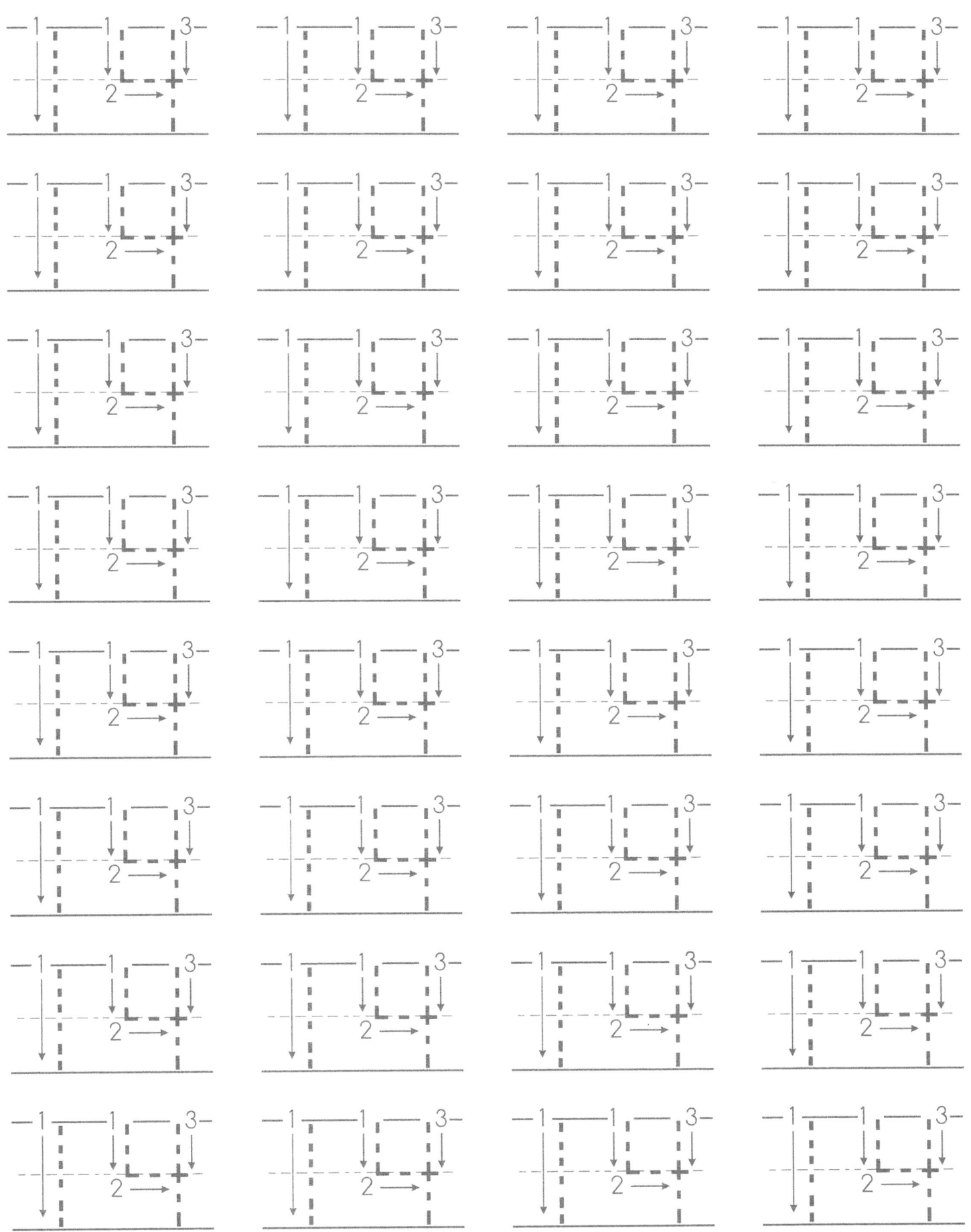

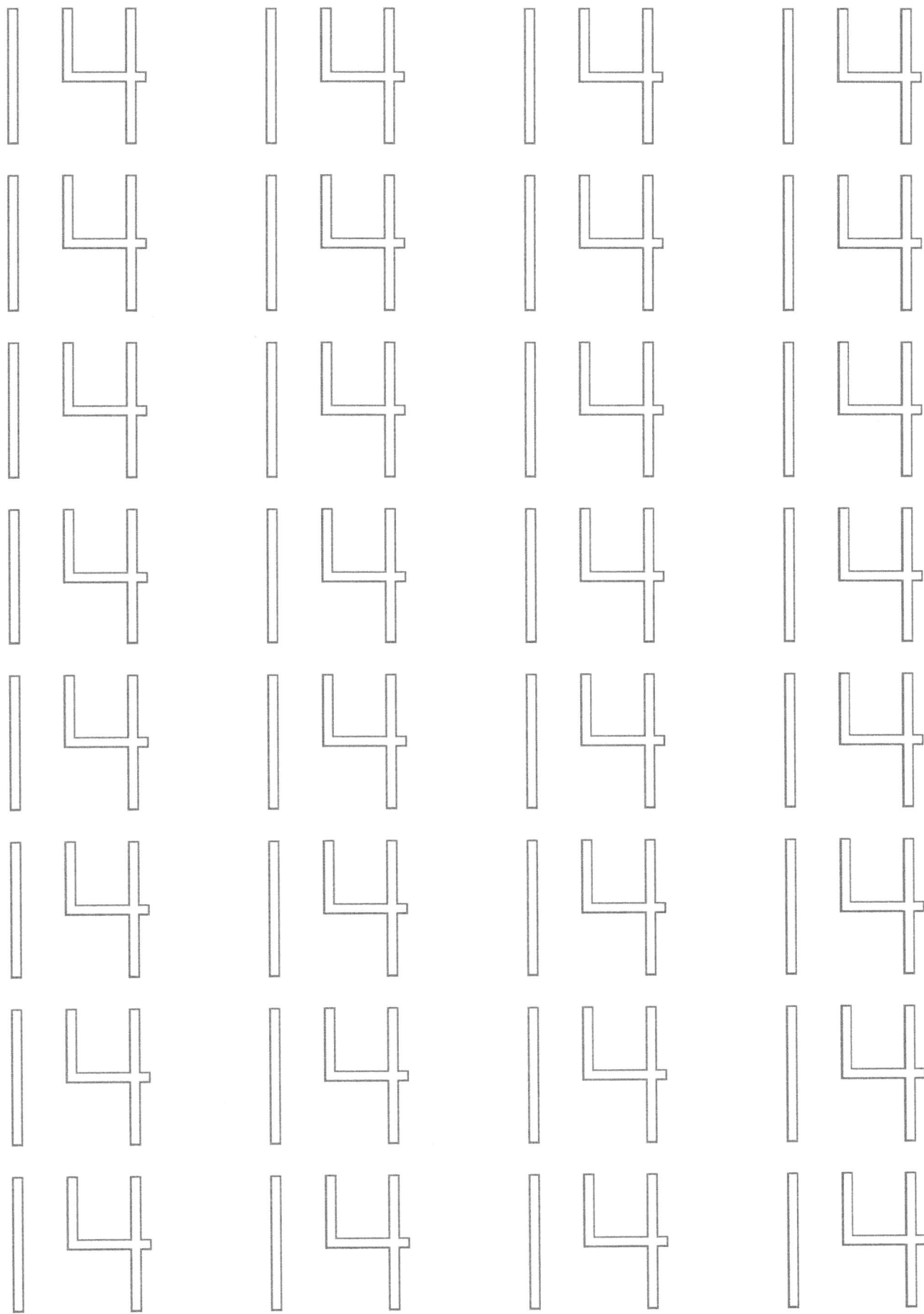

The Number 15

Fifteen

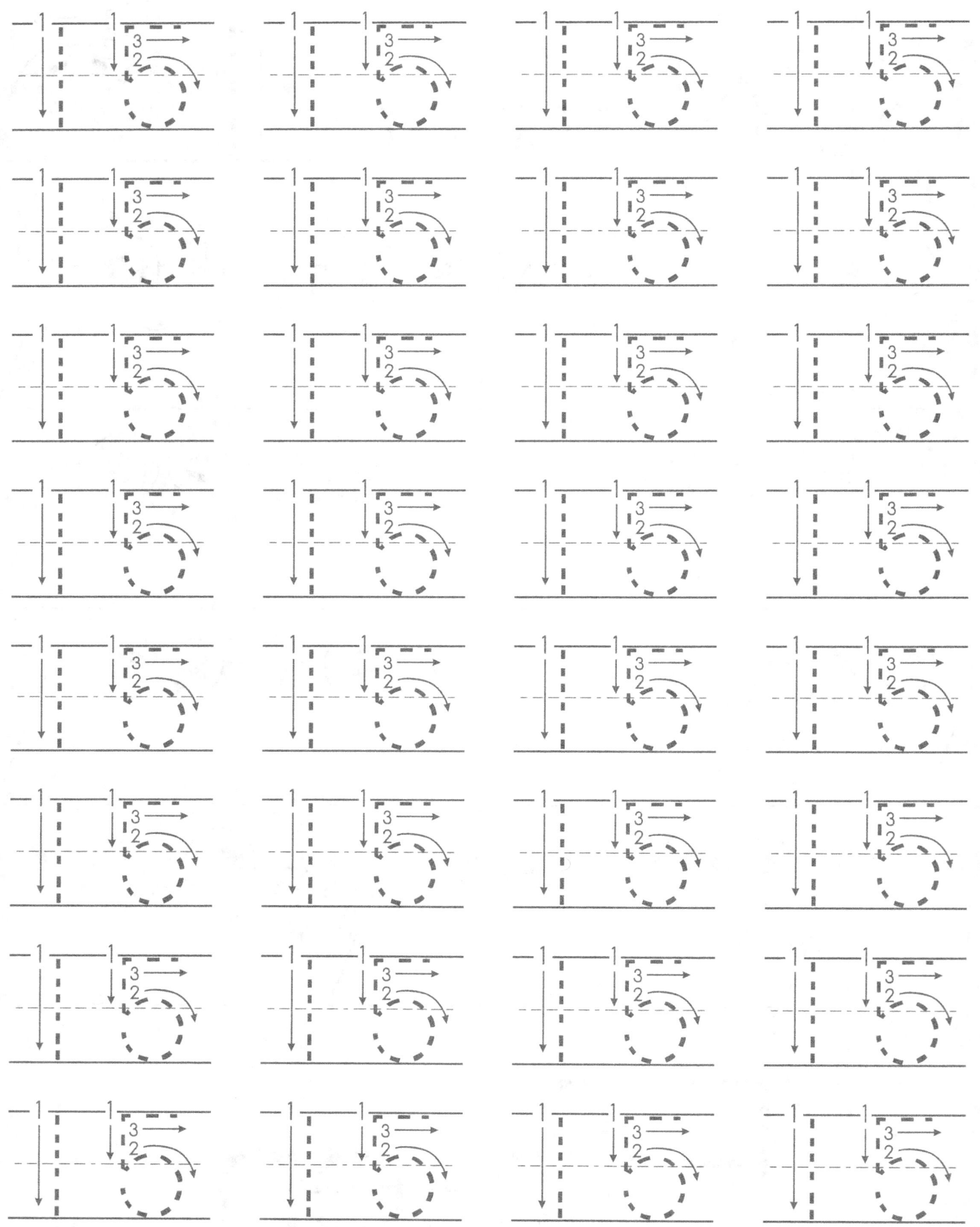

15	15	15	15
15	15	15	15
15	15	15	15
15	15	15	15
15	15	15	15
15	15	15	15
15	15	15	15
15	15	15	15

The Number 16

Sixteen

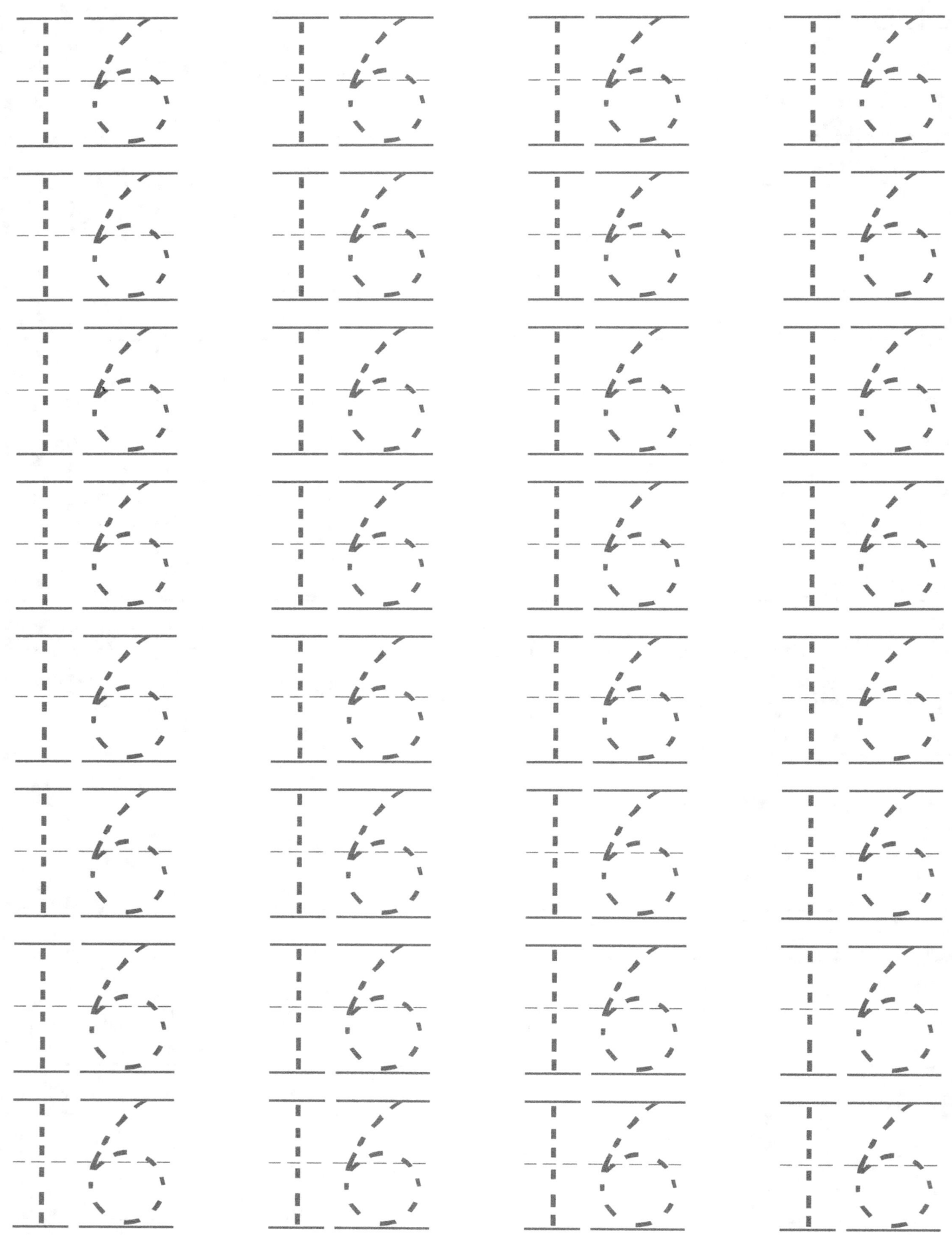

16 16 16 16

16 16 16 16

16 16 16 16

16 16 16 16

16 16 16 16

16 16 16 16

16 16 16 16

16 16 16 16

The Number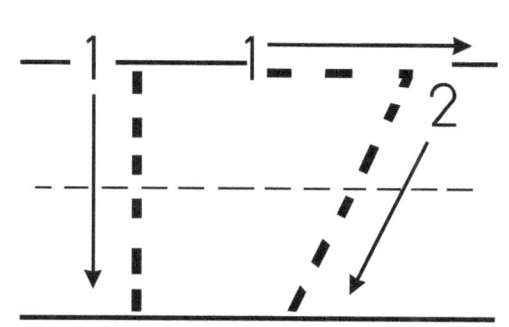

Seventeen

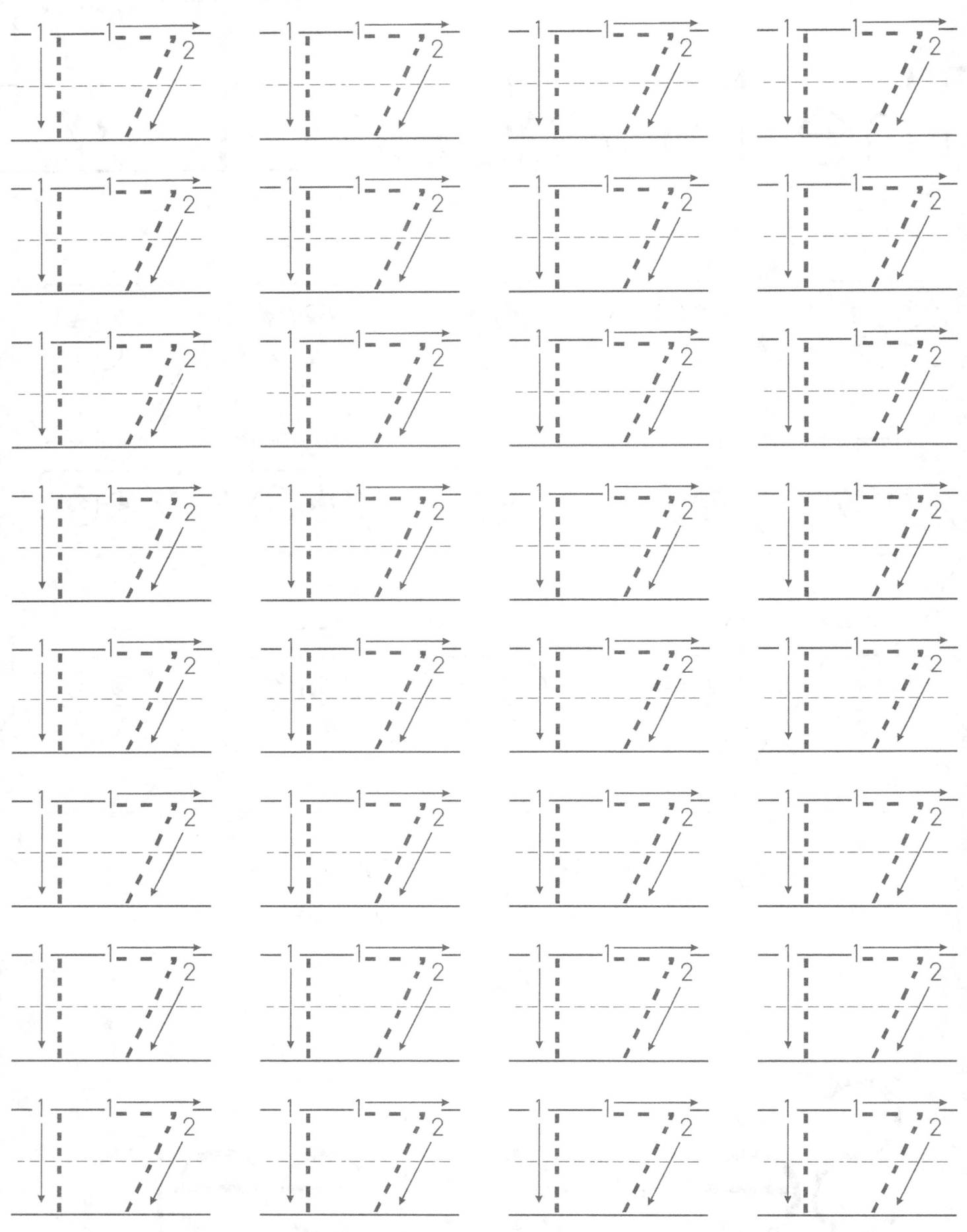

17

17 17 17 17
17 17 17 17
17 17 17 17
17 17 17 17
17 17 17 17
17 17 17 17
17 17 17 17
17 17 17 17

The Number 18

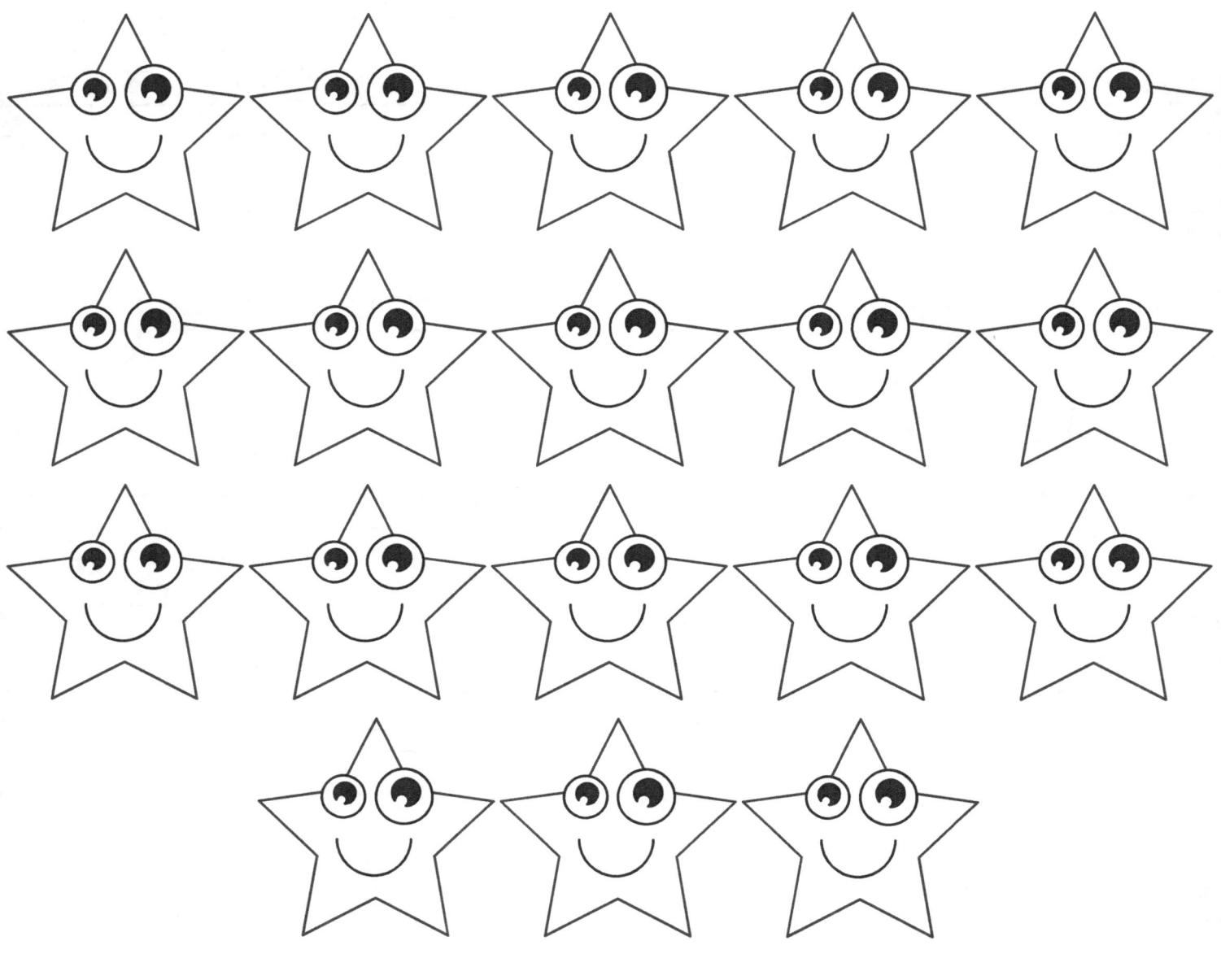

Eighteen

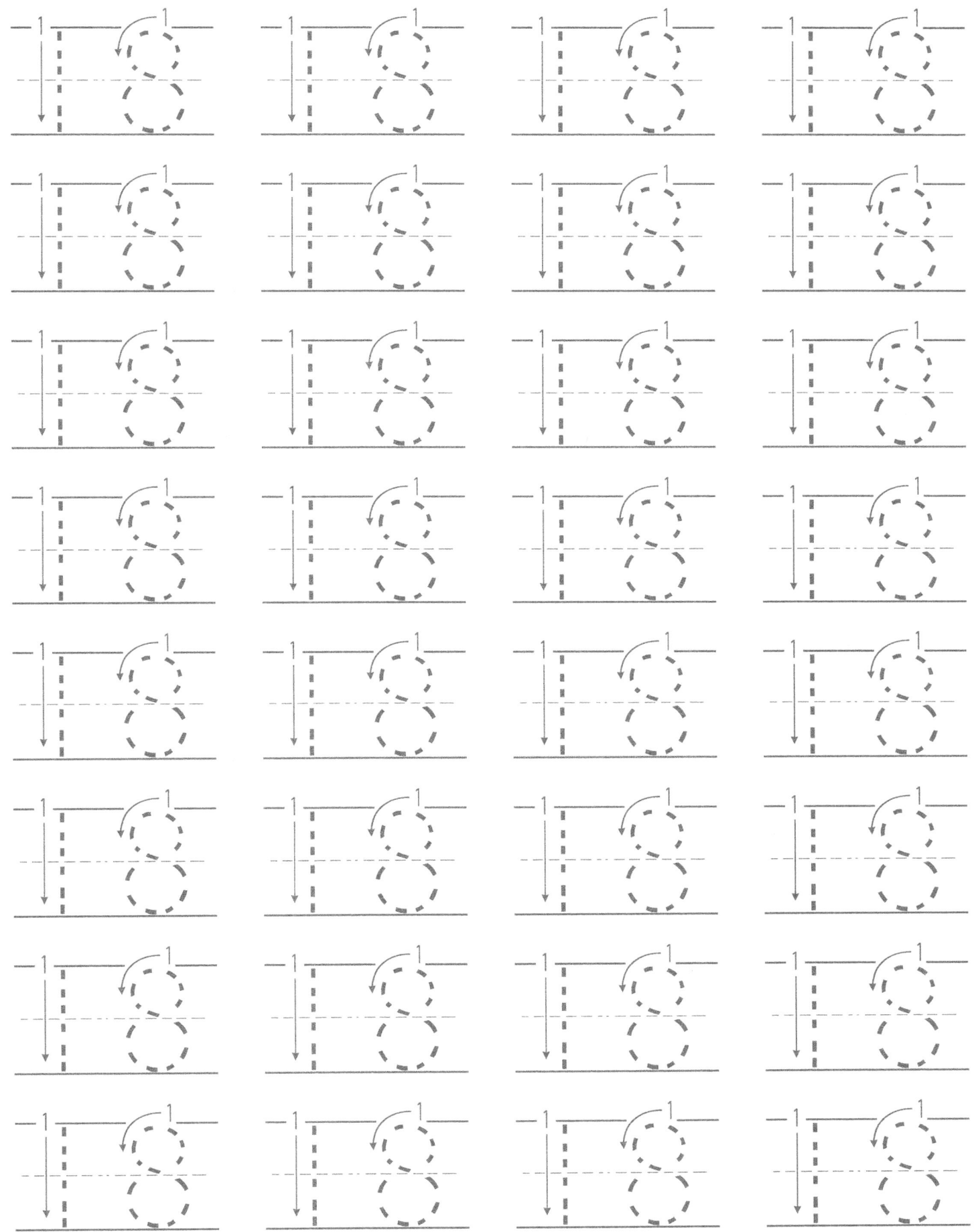

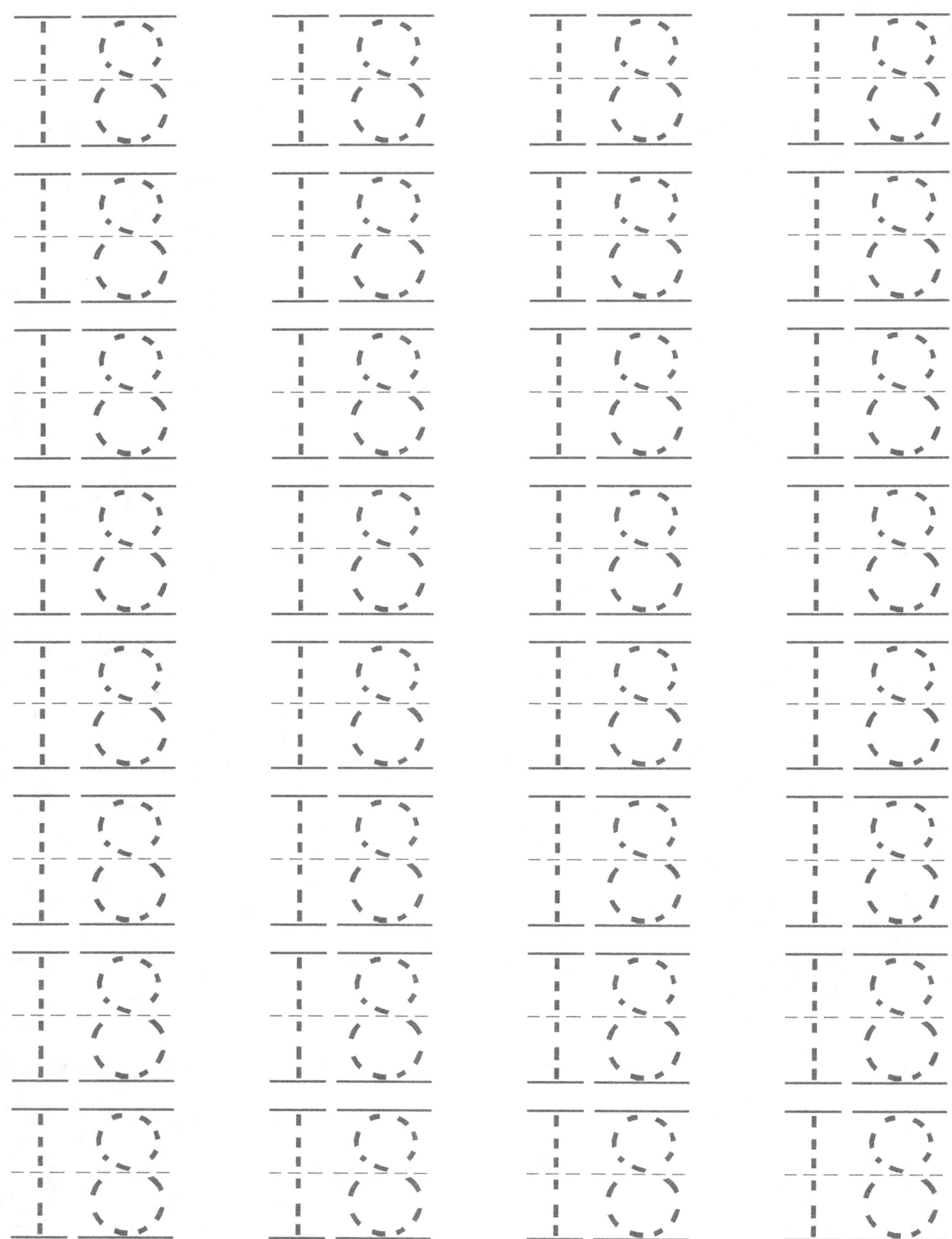

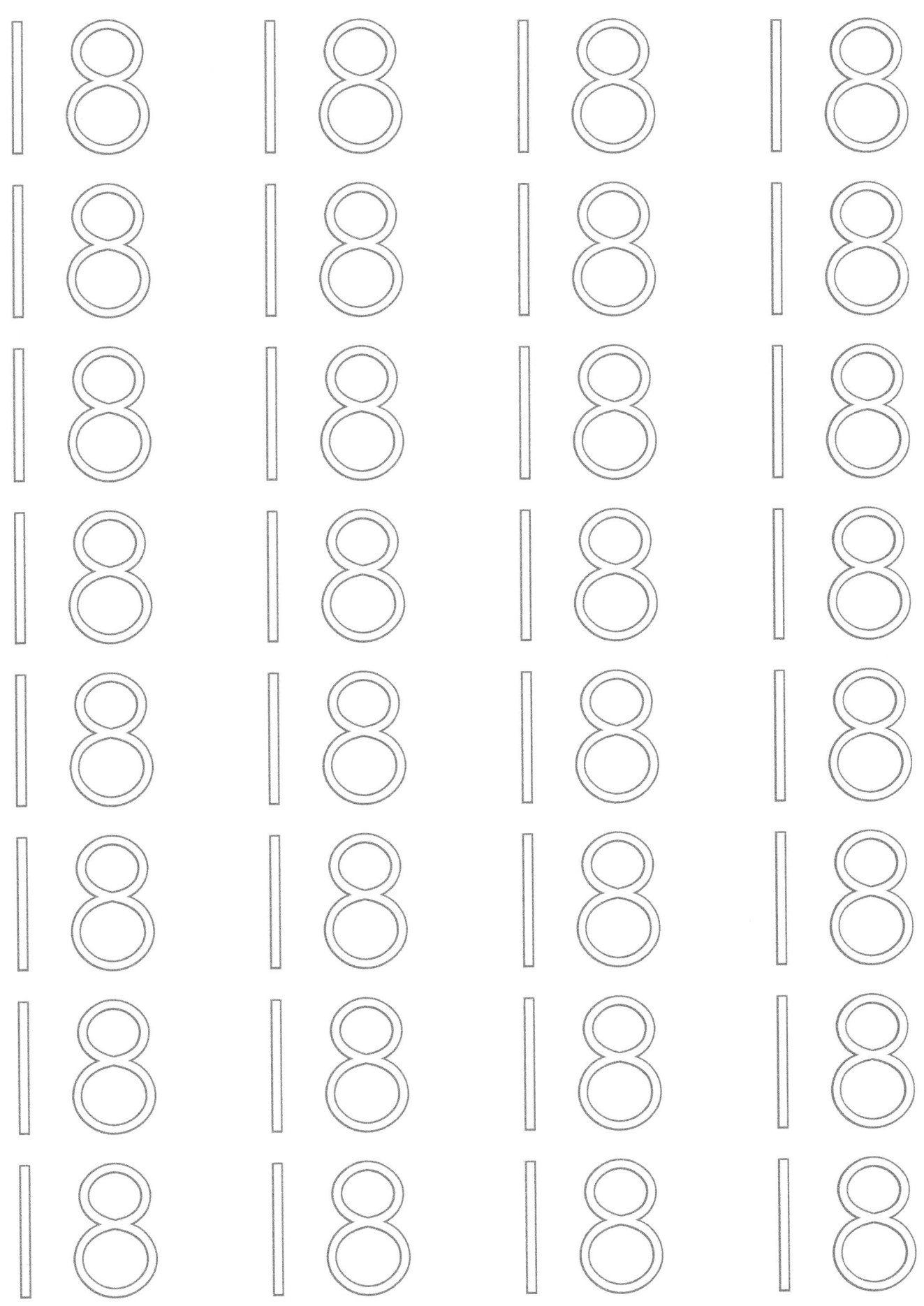

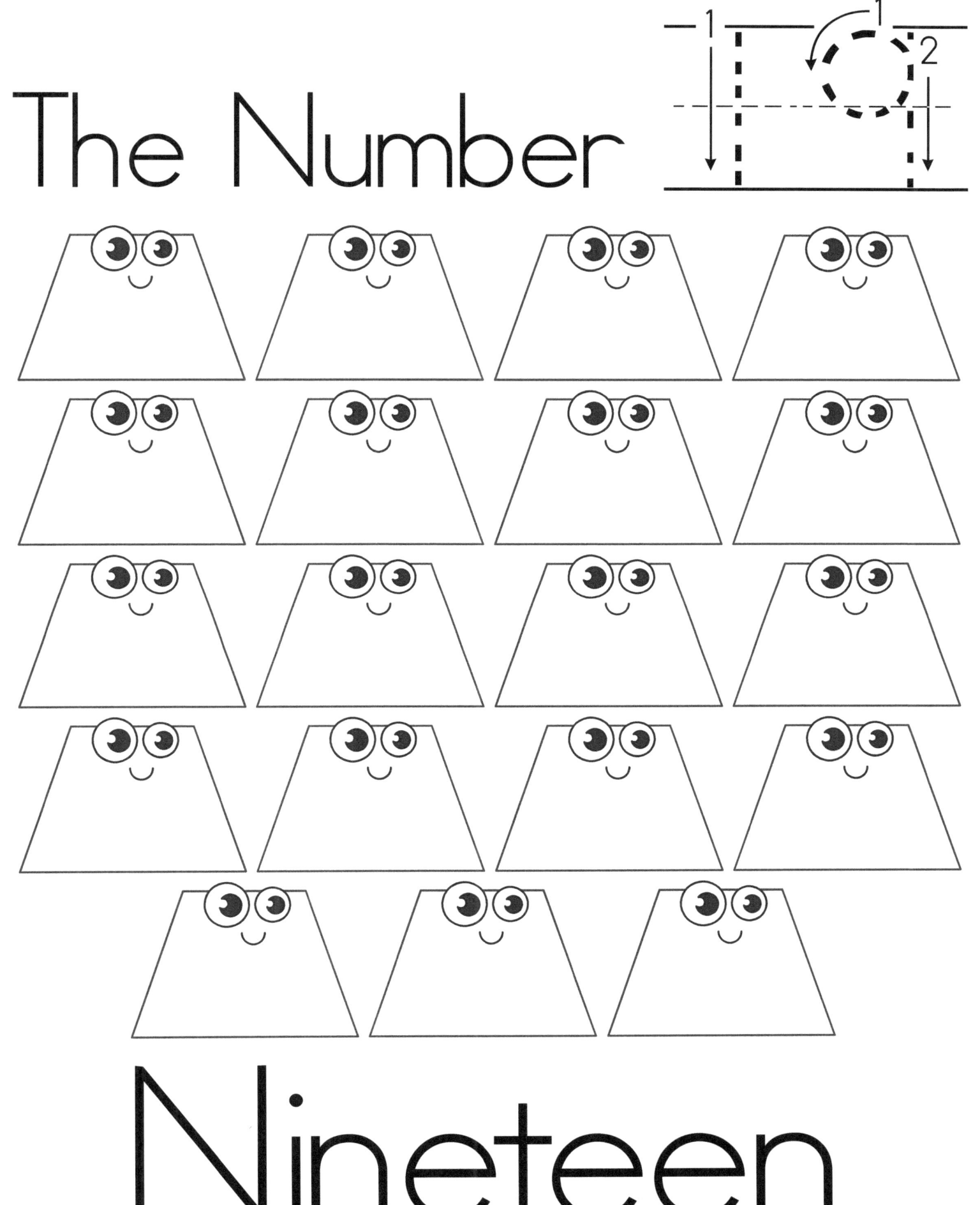

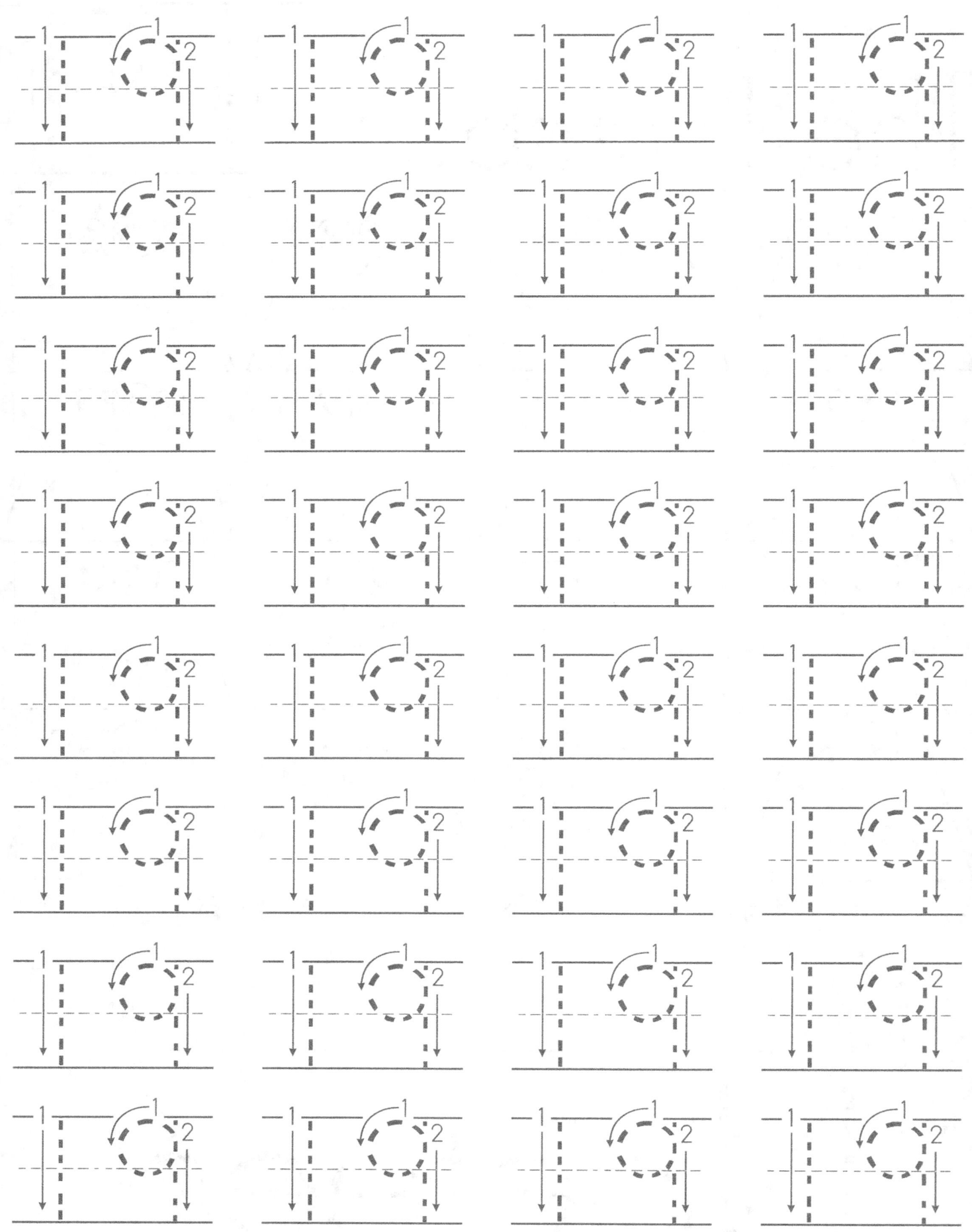

The Number 20

Twenty

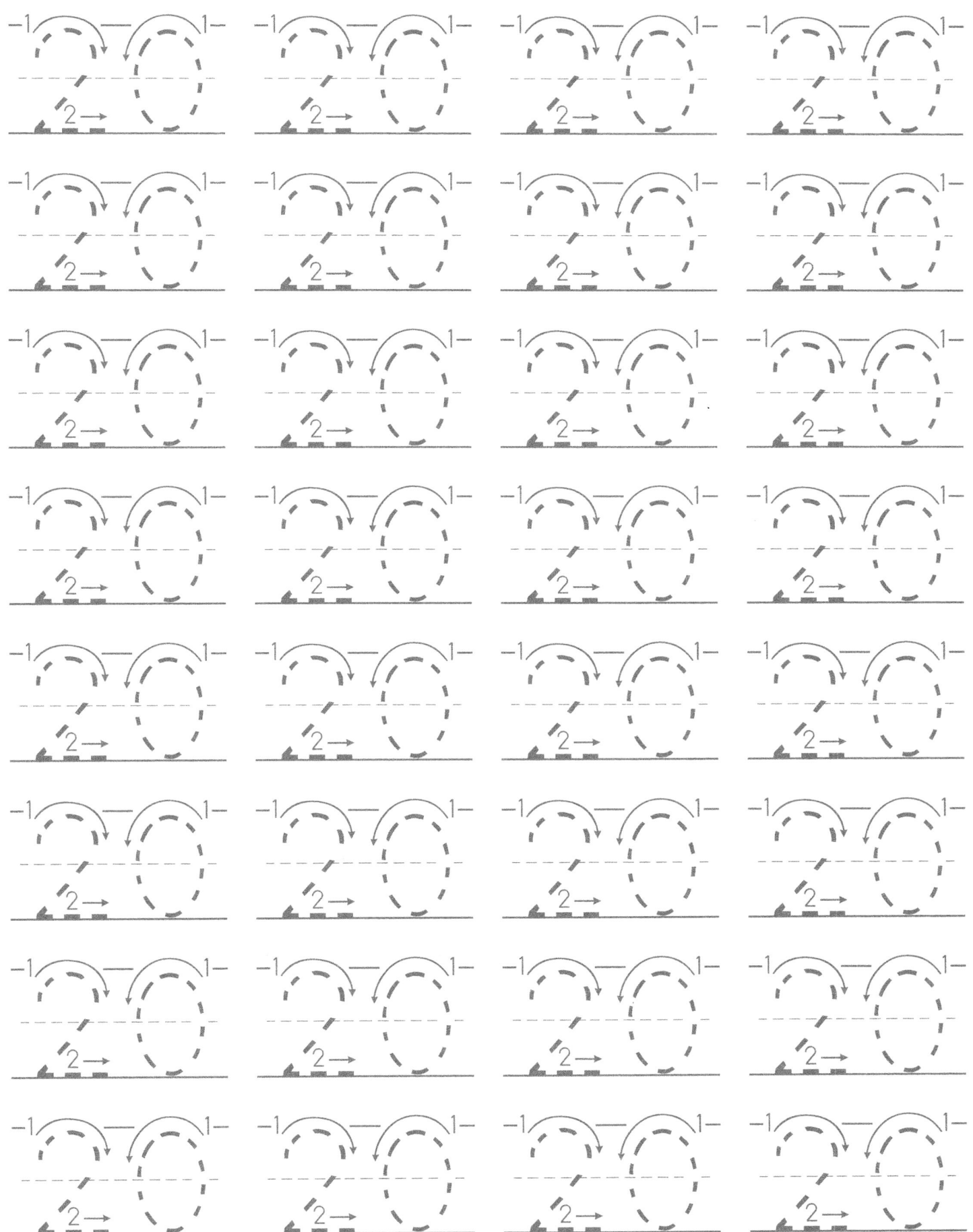

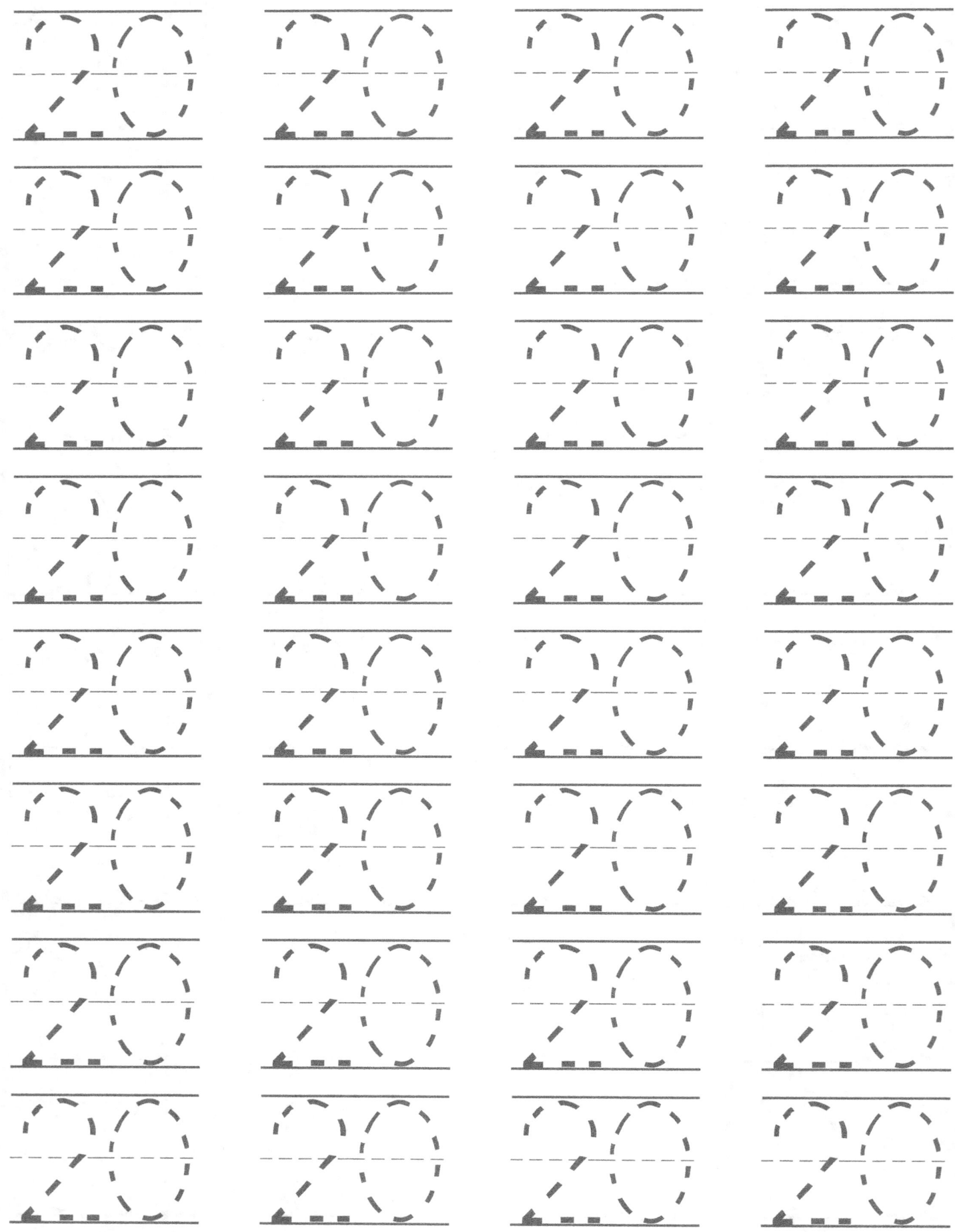

20	20	20	20
20	20	20	20
20	20	20	20
20	20	20	20
20	20	20	20
20	20	20	20
20	20	20	20
20	20	20	20

1 One

2 Two

3 Three

4 Four

5 Five

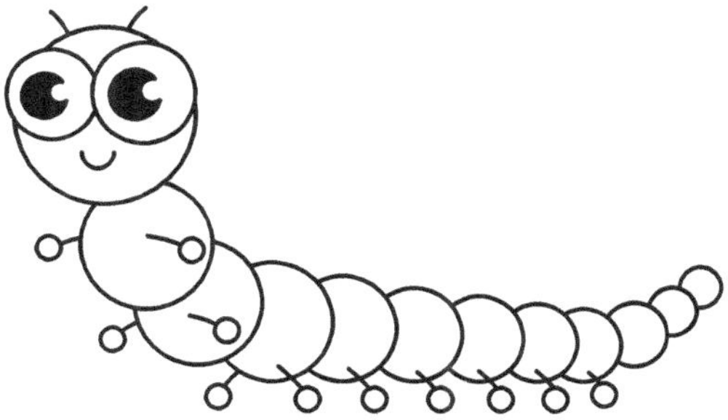

6 Six

7 Seven

8 Eight

9 Nine

10 Ten

www.ingramcontent.com/pod-product-compliance
Lightning Source LLC
Chambersburg PA
CBHW080930170526

45158CB00008B/2240